Jiyu Shuiningjiao Fengzhuang de
Ganxibao Bolihua Baocun he 3D Peiyang

基于水凝胶封装的
干细胞玻璃化保存和3D培养

朱凯旋 张宝芳 / 著

中国矿业大学出版社
·徐州·

内 容 简 介

本书主要内容为作者及所在科研团队近些年来在干细胞封装领域的一些研究成果。本书在内容叙述上注重基本概念的准确性和理论体系的严密性，注意将严谨的数学推导和清晰的物理内涵阐述相结合。

本书可作为生物信息、生物化学、计算机信息技术、微流控芯片技术等研究方向的研究生的参考用书，也可作为生物医学工程领域相关的师生和科技工作者的参考书。

图书在版编目(CIP)数据

基于水凝胶封装的干细胞玻璃化保存和3D培养 / 朱凯旋，张宝芳著. — 徐州：中国矿业大学出版社，2019.12

ISBN 978-7-5646-4444-4

Ⅰ. ①基… Ⅱ. ①朱… ②张… Ⅲ. ①干细胞－封装工艺－研究②干细胞－细胞培养－研究 Ⅳ. ①Q24

中国版本图书馆 CIP 数据核字(2019)第 095594 号

书　　名	基于水凝胶封装的干细胞玻璃化保存和3D培养
著　　者	朱凯旋　张宝芳
责任编辑	王美柱
出版发行	中国矿业大学出版社有限责任公司
	（江苏省徐州市解放南路　邮编221008）
营销热线	（0516）83884103　83885105
出版服务	（0516）83995789　83884920
网　　址	http://www.cumtp.com　E-mail：cumtpvip@cumtp.com
印　　刷	江苏凤凰数码印务有限公司
开　　本	787 mm×960 mm　1/16　印张 6　字数 108 千字
版次印次	2019年12月第1版　2019年12月第1次印刷
定　　价	35.00元

（图书出现印装质量问题，本社负责调换）

前　言

干细胞在生物医学工程中的应用越来越广泛,面对日渐增大的干细胞需求,低温保存干细胞显得尤为重要。传统的慢速冷冻会造成细胞不可避免的损伤,常规的玻璃化保存细胞往往需要高浓度的渗透性低温保护剂,从而使样品在冷冻过程中完全玻璃化,在复温过程中没有冰晶形成,这样才能确保细胞冷冻复温后有较高的存活率。通常,人们为了减少玻璃化保存过程中胞内冰的形成,一方面,增大渗透性低温保护剂的浓度;另一方面,减小玻璃化保存样品的体积,增大降温和复温过程中的降复温速率。高浓度(约 8 mol/L)、有毒的低温保护剂往往会对细胞造成不可逆的损伤;减少冷冻样品往往会使冷冻过程变得复杂,增加操作人员的工作量,使细胞在冷冻过程中的损失率增加。

针对目前玻璃化保存存在的问题,本书在损伤机理的研究中,通过冷台实现 5 ℃/min、10 ℃/min 和 15 ℃/min 三种不同的降温速率,再通过显微镜上的摄像机记录下细胞在不同降温速率下的体积变化情况,通过数学公式拟合得到间充质干细胞在冷冻过程中细胞膜对水输运的两个重要参数,即渗透系数和水输运的活化能,并用它们设计更好的冷冻方案,从机理上了解冷冻过程中减少细胞的溶液损伤和胞内冰损伤。同时,采用 20 ℃/min、30 ℃/min 和 60 ℃/min 三种不同的降温速率测试间充质干细胞在冷冻过程中胞内冰形成概率,以找出合适的降温速率,减少冷冻过程中胞内冰对细胞的损伤。

本书在玻璃化保存辅助材料上,采用水凝胶来抑制玻璃化冷冻和复温过程中胞内冰的形成。以往水凝胶封装玻璃化保存要求完全玻璃化,因此要求微胶囊直径足够小(<250 μm)和低温保护剂浓度足够高(约 8 mol/L)。本书采用核壳结构的大体积水凝胶微胶囊(直径≥500 μm)装载猪的脂肪干细胞进行部分玻璃化保存(微胶囊外边有冰晶形成;微胶囊内部由于水凝胶对冰晶的抑制作用,无冰晶形成,因此可避免胞内冰对细胞的损伤),大大提高了封装效率。本书研究所用的大体积微胶囊可以实现对大体积(十几到几百毫升)细胞悬浮液(在细胞治疗和移植中使用频繁)的快速封装;并使用超低浓度的低温保护剂(相当于 2 mol/L 渗透性低温保护剂加 0.5 mol/L 非渗透性低温保护剂),直接投入液氮中进行冷冻,冷冻复苏后得到的细胞存活率较高,可代替完全玻璃化或者带有可见冰的部分玻璃化保存。在使用四组不同组分的低温保护剂的条件下,水凝胶封装能够大大提高细胞冷冻后的存活率(四种不同组分的低温保护剂封装后冷冻保存得到的细胞存活率依次为:24%到73%,25%到71%,25%到63%和

21%到56%)。本书研究表明,水凝胶微胶囊在细胞的冷冻和复温过程中能够有效地抑制冰晶的形成和传播,大体积微胶囊在干细胞的治疗方面存在很大的潜在应用价值。

本书同时对微胶囊的产生方法进行改进。与传统的微液滴是通过油相和水相或者水相和油相两相剪切形成的相比,本书采用三相全水生物相容性较好的溶剂快速生成海藻酸钠微胶囊的方法,可有效地保护细胞活性。本书介绍的方法相比传统水-水相生成微胶囊的方法,能够灵活对微胶囊的直径、壳核相对厚度进行调节,使用的外围溶液是与细胞相容性较好的水溶性溶液,这使得在交联生成水凝胶微胶囊的过程中细胞或其他生物样品的活性不会受到损伤。封装猪的脂肪干细胞,用于3D培养,由于在整个封装和交联过程中细胞都处于生物相容性较好的溶液中,细胞受到的损伤较小,细胞的生长状况良好,细胞在第7天已经生长成团并且没有出现明显的死亡现象。

本书还在大体积微胶囊封装保存干细胞的基础上,用氯化钙溶液替换最外层油相溶液,生成具有壳核结构的微纤维,进一步提高封装效率,同时微纤维的形状与生物的血管、肌腱和神经比较类似,对更进一步研究3D培养仿生学有重要的意义。采用微纤维状水凝胶封装猪的脂肪干细胞悬浮液,且用纱布包裹后直接投入液氮中,实现超低浓度低温保护剂条件下的玻璃化保存,尤其在 1 mol/L 渗透性低温保护剂(0.5 mol/L 丙二醇和 0.5 mol/L 乙二醇)条件下玻璃化保存后存活率超过70%。该方法外层连续相使用氯化钙溶液代替以往的油相,可避免从油相中把微纤维分离出来的操作。该研究用微纤维封装细胞,封装效率远远大于微胶囊封装细胞。因为微纤维和微胶囊相比,易于盛放,不需要特殊的冷冻容器盛放,可以直接投入液氮或者液氮蒸气中玻璃化保存,且直接投入液氮或者液氮蒸气中,降温速率要远大于用容器盛放的样品的降温速率。

中国科学技术大学赵刚教授对本书的撰写提供了指导性的建议和帮助;另外,在本书的撰写过程中,先后有多位中国科学技术大学的研究生参与了大量与本书研究相关的实验工作,他们是前锋、沈凌霄、汪涛、唐禾雨、蒋振东、王震、张鑫、汪义纯、刘晓丽、张孝章、曹媛、田聪会、苑福泉、程跃、陈中嵘、向兴雪、李玉芳、王蒙、穆文杰、郑元、雷泽灵、周宇、严震、张明珂、郑媛媛、张云天等。在此,笔者一并表示衷心的感谢!

本书的出版得到了2019年姑苏科技创业天使计划、2019年度张家港市产学研预研基金、江苏科技大学苏州理工学院博士科研启动基金、张家港市领军型创业创新人才等项目的资助,特此感谢!

在撰写本书的过程中,笔者查阅和参考了大量的文献资料,在此谨向这些文献的作者表示衷心的感谢!

由于作者水平所限,书中难免存在疏漏之处,恳请读者、专家批评指正,以便及时修正、完善。

著 者
2019年5月

目 录

第1章 绪论 ··· 1
  1.1 研究背景 ··· 1
  1.2 研究现状 ··· 6
  参考文献 ··· 12

**第2章 间充质干细胞冷冻过程中水的
跨膜传输和胞内冰晶形成概率** ··· 19
  2.1 引言 ·· 19
  2.2 Mazur 水输运方程 ·· 20
  2.3 Toner 胞内冰形成概率 ·· 22
  2.4 实验平台搭建 ··· 24
  2.5 实验步骤 ··· 24
  2.6 间充质干细胞在不同降温速率条件下水输运的研究 ················· 25
  2.7 间充质干细胞形成胞内冰概率统计 ······································· 26
  2.8 本章小结 ··· 28
  参考文献 ··· 28

**第3章 封装有干细胞的水凝胶胶囊在冷冻过程中
抑制冰晶形成和促进玻璃化研究** ·· 32
  3.1 引言 ·· 32
  3.2 实验材料与方法 ··· 34
  3.3 结果与讨论 ·· 44
  参考文献 ··· 47

第4章 水-水-水模板化制备微胶囊工艺研究 ·································· 54
  4.1 引言 ·· 54
  4.2 实验材料与方法 ··· 55
  4.3 结果与讨论 ·· 62
  参考文献 ··· 68

第 5 章　纤维状水凝胶封装细胞的玻璃化保存和 3D 培养 …………… 73
　5.1　引言 ……………………………………………………………… 73
　5.2　实验材料与方法 ………………………………………………… 75
　5.3　结果与讨论 ……………………………………………………… 79
　参考文献 ……………………………………………………………… 83

第1章 绪　　论

1.1 研究背景

1.1.1 低温生物医学工程的原理和应用

低温生物医学工程是一门将低温保存技术工程化并应用于生物医学领域的交叉学科。人们通常需要保存医学上常用的生物材料，在细胞层面上如精子、卵细胞和血细胞等，在组织层面上如肌腱、角膜和血管等，进而包括器官和完整生命体的保存。低温生物医学工程一般包括以下几个方面：冷冻损伤机理、低温生理、冷冻外科和低温医疗及生物材料的低温保存与应用。同时，低温生物医学工程的适用范围非常广阔，而且在不同的领域展现出不同的应用效果，既可以在低温环境下长期保存细胞、组织和器官，也可以利用冷冻来杀死病变组织。低温冷冻保存是指把生物的细胞、组织以及器官在低温或者深低温下保存以备后期应用，当然对于人类而言实现生命个体的完整保存是最终理想。一般情况下，低温是指 0 ℃左右，用于生物样品的短期保存；深低温是指 －80 ℃以下，多用于生物样品的长期保存。随着低温生物医学的研究和发展，近些年将低温保存人的细胞、组织和器官应用于临床的案例越来越多，例如用于生殖医学中的卵细胞和胚胎低温冷冻保存，用于干细胞工程中的胚胎干细胞低温保存，用于临床的稀有血型血液等低温冷冻保存等。低温冷冻虽然可以起到长期保存细胞的作用，但在保存过程中也必然会对细胞造成一定的损伤，研究低温保存的目的就是尽可能地减少保存过程中细胞的损伤。同时，人们也探索如何在冷冻过程中最大限度地杀死细胞的原理，应用到低温手术中快速、彻底杀死肿瘤组织[1]。因此，低温生物医学一方面探索生物细胞组织的冷冻规律，另一方面探索在冷冻过程中如何最大限度杀死肿瘤细胞[2-3]。

低温冷冻的目标是实现生物样本的低温保存。1949 年，英国生物学家 A. U. Smith 和 C. Polge 在实验过程中无意间发现把精子放入含有甘油的水溶液中，然后置于低温环境中精子不会死亡。这个有趣的发现在《自然》杂志上发表后引起了人们的广泛关注，同时成为真正具有科学意义的低温保存的开端。

生物体能够进行低温保存是因为其生理代谢作用在低温下受到了抑制。当温度降到一定程度时，机体内细胞所有的生理代谢活动基本停止，可以理解为生物体处于长期"静止"的状态。人们把代谢活动和温度的关系归结为阿伦尼乌斯（Arrhenius）公式：

$$k = A\exp[-E_a/(RT)]$$

式中　　k——代谢反应速率；
　　　　A——反应常数；
　　　　R——摩尔气体常数；
　　　　T——绝对温度；
　　　　E_a——反应活化能。

根据上式不难发现：温度越低，生物体的代谢速率会越慢。通过 Arrhenius 公式可以估算出：在-196 ℃（液氮）环境下的生物样品可以保存长达几百年，在这个温度下生物的生理代谢活动急剧减弱，几乎可以认为停止，所以在生物样本的保存过程中低温可以使时间"减慢甚至停止"[4]。这也是所有生物样品能够在低温下得到长期保存的理论基础。

1.1.2　低温保存过程中细胞的损伤因素

美国橡树岭国家实验室的 P. Mazur 是低温生物医学学科的创始人之一，他为生物热力学的发展作出了很大的贡献。1972 年，他提出了细胞在冷冻过程中损伤的两因素假说[4]：这是一个根据冷冻过程中溶液的结冰量，并对渗透过程进行定量分析后建立起来的方程。因为各种细胞体积不同，其细胞膜对水的渗透量也不同，所以在低温保存过程中不同的细胞有着不同的最佳降温速率。如图 1-1(a)所示，如果降温速率太慢，则细胞外溶液相对细胞内溶液优先接触外边冷源而慢慢结冰。因此，细胞外溶液浓度会不断升高，细胞内外形成渗透压差，细胞内水分将不断渗出，细胞处于高浓度的溶液环境下，从而导致细胞强烈收缩。如果细胞过度收缩，则会造成细胞骨架和一些蛋白质结构遭到破坏，即细胞长时间处于高浓度的溶液中会受到损伤[5-8]，这就是造成细胞低温损伤的第一个因素即溶液损伤。同时，如果降温速率过快，则细胞内溶液来不及往细胞外渗透，就会因过冷而结冰，这就是造成细胞低温损伤的第二个因素，被称为胞内冰损伤。那么在这两个因素的共同制约下，必然存在一个最佳的降温速率。P. Mazur 的理论很好地解释了低温保存实验中出现的现象。如图 1-1(b)所示[7]，冷冻不同的细胞需要选择不同的最佳降温速率，因此，根据这个理论，人们可以选择适合不同细胞的最佳冷冻方案，实现对不同细胞的低温冷冻保存。在细胞和组织的冷冻过程中，不合适的降温速率也会导致细胞内的 pH 降低，从而使得整个冷冻过程中细胞内的环境会从中性逐渐转变为酸性。如果 pH 变化太大,就会引起蛋白质变性失活,进而引起细胞膜破裂。因此,对于不同的细胞,需要选择一个最佳的降温速率,才能保证细胞在冷冻过程中受到的损伤最小。

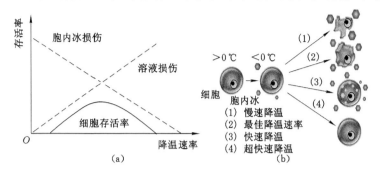

图 1-1 细胞冷冻过程示意图[7]

为了减少上述低温冷冻保存过程对细胞造成的损伤,人们常在冻存工艺中加入低温保护剂(CPA)来提高细胞冷冻和复温后的存活率。根据低温保护剂能否透过细胞膜可以,将其分为渗透性低温保护剂和非渗透性低温保护剂两类。常见的渗透性低温保护剂有二甲基亚砜(DMSO)、甘油、乙二醇(EG)、乙酰胺、丙二醇(PROH)等,它们能透过细胞膜进入细胞,和细胞内自由水相结合,减少细胞内自由水的量,进而减少胞内冰晶的形成;非渗透性低温保护剂有海藻糖、聚乙二醇、葡聚糖、蔗糖等,它们不能进入细胞内,一般作用于生物膜的疏水区,改变膜的结构可塑性,增加生物膜对冷冻的耐受性。低温保护剂具有能稳定大分子的作用,而许多大分子常常与生物膜的结构和功能密切相关甚至可能是生物膜的组成成分,所以低温保护剂可以通过改变生物膜特性发挥作用,也可以通过改变生物膜对溶液高浓度和低温等有害因素产生的反应而发挥作用。近些年来,利用抗冻蛋白作为细胞冷冻过程中的低温保护剂逐渐受到人们的关注[9-10]。

常用的传统冷冻低温保存方法是慢速冷冻法,也被称为平衡冷冻法,其操作为将细胞、组织等生物样品放入含有低温保护剂的溶液中,慢速冷冻到一定温度,然后投入液氮中长期保存。第一步,向生物样品中加入低温保护剂。第二步,在平衡一段时间后,将冷冻的生物样品和低温保护剂一同放入低温(通常为−80 ℃)冰箱中一直到整个生物样品全部降温完毕(在低温冰箱中平衡的时间一般根据生物样品的体积确定,通常冷冻细胞悬浮液选择 5 h 左右)。第三步,将平衡好的装有冷冻生物样品和低温保护剂溶液的冷冻容器直接投入液氮中进行长期保存。当需要使用生物样品时,从液氮中取出装有生物样品和低温保护剂的容器,置入 37 ℃恒温水浴中,在恒温水浴中快速摇动冷冻容器,使其快速均匀地复温,待其内部生物样品和低温保护剂全部融化后加入培养基,然后静置或者离心去除低温保护剂,也可加入等渗的磷酸盐缓冲液(PBS)对样品进行进一步清洗以去除低温保护剂,最后取出生物样品。

  玻璃化保存是一种能快速有效冷冻保存生物样品的冷冻方法。该法能使细胞内和细胞外溶液在快速冷冻条件下形成一种类似玻璃态的非晶体状态[11],这种非晶体状态可以理解为溶液在低温下的一种极度黏稠状态且溶液中无冰晶出现[12]。

  B.J.Luyet 于 1937 年首先提出:生命是由生物活体系统中的原子和其他结构元通过一种特殊的排列形式组成的[13],如果改变这些原子或者结构元的位置,很可能会破坏生物体内部的平衡而导致其死亡,而冷冻结晶会使水从这种结构中撕裂出来,导致构筑生命体的结构元遭到破坏。更具体地说:低温损伤是细胞内外结晶造成细胞质结构受到破坏引起的。细胞内部溶液在冷冻过程中形成玻璃态与形成晶体固态化相比较,对这种结构的改变可能没有或者比较小。B.J.Luyet认为如果生物体能被快速地降温,那么冰晶就很有可能来不及形成。理论研究发现:要使纯水或者较稀的水溶液实现玻璃化,所需要的降温速率为 $10^6 \sim 10^7$ ℃/s[14],但是在当时对于 B.J.Luyet 和他的合作者来说,他们所使用的冷却方法是不能实现如此高的冷却速率的。G.M.Fahy 于 1981 年首次明确提出使用高浓度的低温保护剂溶液在高压下以较慢的降温速率可以实现生物材料的玻璃化保存的想法[15],往后又发展出了一些被称为"玻璃化溶液"的产品,这使得细胞、组织和器官等生物系统的玻璃化低温保存成为可能。1985 年,W.F.Rall 和 G.M.Fahy 成功用这种方法实现了鼠胚胎的玻璃化保存[16],使得这项技术实现了由理论到应用的突破。

  与慢速冷冻相比,玻璃化冷冻有明显的优势,能大幅度提高样品的冷冻速率,生物样品可以快速度过危险温区,同时可减少冰晶的生成量,从而保护细胞骨架、细胞膜和细胞器等结构的完整性。但玻璃化保存通常需要添加较高浓度的低温保护剂,同时对低温保护剂的种类、浓度[17],以及操作过程中的降复温速率都有要求。一般来讲,较高浓度的低温保护剂对细胞有一定毒性,因此高浓度低温保护剂需要分步添加和去除,操作比较复杂耗时,对细胞复温后的存活率影响很大[18]。

1.1.3 水凝胶用于组织工程和细胞保存

  水凝胶是一种具有空间三维网状结构且含水量极高的高分子材料[19]。水凝胶虽然不溶于水,但它具有很强的吸水性,而且还有很强的持水能力[20]。水凝胶放入水中,类似于海绵放入水中,最大可以溶胀为自身体积的上千倍,其物理化学特性非常接近生物体内软组织,是一种天然组织工程支架材料。水凝胶同时具有良好的生物相容性和可降解性,植入生物体内后,不会引起严重的免疫排斥反应。因此,目前水凝胶已被广泛用于各个领域,如组织工程与再生医学[21]、细胞载药[22]、医学诊断[23]等领域。

组织工程最早于1987年由美国国家科学基金会提出,主要利用工程学和生命科学的原理和技术,从机体本身获取目标细胞并进行体外增殖培养,再将细胞种植于组织工程化的生物材料支架上[24-26],体外培养后,再将搭载培养好的细胞生物支架移植入体内,修复受损的组织和器官。由于水凝胶具有良好的生物相容性,且具有特殊的三维空间网状结构,有利于细胞黏附的同时也便于细胞在生长过程中进行必要的营养物质交换。目前,水凝胶在生物医学工程和再生医学领域得到了广泛的运用,如有研究人员使用透明质酸水凝胶装载 hUCB-MSCs 细胞对骨盖处的软骨损伤进行修复,12 周后损伤软骨处的组织恢复良好[27];使用壳聚糖水凝胶装载脂肪干细胞促进损伤心肌组织再生,也得到了良好的修复效果[28];将葡萄糖水凝胶制成人工修复材料用于修复小鼠全层皮肤损伤,取得了良好的修复效果[29]。目前,组织工程技术及其制品拥有如下优点:

(1) 组织工程化制品的结构和功能与天然的组织器官相接近。

(2) 使用组织工程可以快速产生病人所需要的组织或者器官。

(3) 可以采用病人自身细胞构建组织工程制品,体外构建好后再移植到病人体内,可有效地避免免疫排斥反应。

(4) 使用组织工程化人工构建组织和器官,可以有效地避免异体移植引起的疾病传播。

(5) 可有效地降低医疗费用。

组织工程这套研究方法和治疗策略越来越受到学术界的关注[30-32]。有关学者于1964年首次提出用半透膜封装生物材料的新思想,自此以后,人们在用半透膜封装生物材料方面做了很多探索性研究。R. Y. Jae 等较早地把封装与玻璃化保存结合起来,随后利用封装玻璃化保存了多种细胞[33]。A. Herrler 等用海藻酸钠封装精子(海藻酸钠与氯化钙溶液交联后形成水凝胶),然后进行玻璃化保存,这与传统的精子玻璃化保存相比有效地降低了降复温过程中冰晶对精子的损伤,而且进一步减少了降复温过程中精子细胞的丢失[34]。2011 年,A. Kumachev 等用海藻酸钠封装细胞后,将得到的微胶囊装入毛细石英管中,并将毛细石英管投入液氮中进行玻璃化保存。他们把渗透性低温保护剂二甲基亚砜的浓度降低到了 1.5 mol/L,由于低温保护剂的浓度被极大地降低,低温保护剂对细胞造成的损伤也极大程度地被削弱,而且与海藻酸钠交联之后可以形成水凝胶,在细胞的冷冻和复温过程中水凝胶可以有效地抑制冰晶的形成和生长。

因此与传统的玻璃化保存相比,细胞的存活率大大提高[35]。如图 1-2 所示,H. S. Huang 等用海藻酸钠封装干细胞,也发现封装后可以在降低渗透性低温保护剂浓度的情况下,提高玻璃化保存复温后细胞的存活率,且验证了水凝胶可有效地抑制复温过程中的反玻璃化[36]。

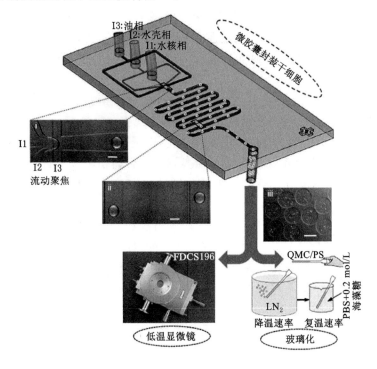

图 1-2　封装玻璃化保存结构示意图[36]

1.2　研究现状

1.2.1　细胞在添加、去除保护剂和冷冻过程中的跨膜水输运

目前,由于技术条件的限制,细胞保存在绝大多数条件下需要添加低温保护剂。以最常用的渗透性低温保护剂、二甲基亚砜、丙二醇(PG)和甘油为例。通常情况下,细胞膜对渗透性低温保护剂的渗透效率要小于对水溶液的渗透效率。所以,当这些低温保护剂溶液加入细胞悬浮液中时,细胞外渗透压会突然增大,细胞内外就会产生渗透压差,细胞内水溶液会透过细胞膜流出细胞,细胞体积会收缩,随着细胞外部渗透性低温保护剂不断向细胞内部渗透,最终细胞会恢复到接近添加保护剂前的正常体积,此时细胞处在等渗溶液环境下。去除低温保护

第1章 绪 论

剂和添加低温保护剂为相反的过程,其具体操作一般是向细胞悬浮液中加入生理盐水或者培养基,细胞外溶液被稀释,细胞外渗透压突然减小,细胞外水溶液流入细胞内,细胞体积不断增大,同时随着细胞内的低温保护剂不断流出细胞,细胞体积逐渐恢复正常。从添加和去除低温保护剂的过程中,可以看出细胞内外渗透压变化,细胞内外水溶液和低温保护剂有个相互交换的过程,同时细胞体积有最大值和最小值。通常,每种细胞体积都有一个上限和下限的阈值,如果在添加和去除保护剂过程中超过上限或者下限阈值,就会对细胞造成伤害,即溶液损伤。有关学者发现在向鼠的卵细胞中添加低温保护剂(DMSO 和 PROH)的过程中,若一步添加低温保护剂 DMSO 和 PROH 的浓度过大,则会引起卵细胞的骨架的破坏[37-38]。G. E. van Venrooij 等发现,把精子细胞放入高浓度的甘油中,精子细胞也会受到低温保护剂的损伤。然而,在慢速冷冻过程中,一般使用的低温保护剂浓度要低于玻璃化保存需要的浓度,但慢速冷冻常会给细胞带来严重的损伤[39-40]。玻璃化保存虽然快速、省事,但往往需要高浓度的低温保护剂,如果一步添加或者去除高浓度低温保护剂,则会对细胞造成不可逆的损伤[5-8],而分步添加或者去除则耗时耗力[41],操作过程往往使操作者比较紧张[16,42-44],操作时间越长,对细胞的损伤越大。因此,在保证冷冻复温后存活率的前提下,通过优化不同的冷冻方法以尽量减小保护剂浓度显得非常重要[36]。

在细胞冷冻过程中,首先是细胞外溶液结冰,从而导致细胞外溶液渗透压升高,细胞内外形成一个渗透压差,此时细胞内水溶液通过半透的细胞膜渗透到细胞外,细胞内溶液渗透压也随之增高,细胞由于脱水而皱缩即细胞的体积减小。P. Mazur 于 1963 年首次提出细胞在冷冻过程中的失水模型,用来预测细胞在冷冻过程中的体积变化[45]。此模型假设细胞膜为理想的半透膜,并且细胞内的溶液也是理想的稀溶液,且冷冻过程中,细胞内外渗透压差是细胞失水的主要原因。这个模型作为研究细胞冷冻过程中水输运和胞内冰的基础被人们广泛用于细胞冻结保存的研究[46-48]。后来 Y. H. Roos 对 Mazur 模型进行了改进,把原先假定的细胞内溶液为理想溶液改为非理想溶液,即向细胞膜为理想半透膜的假说中加入了细胞表面积的变化以及细胞内部温度分布不均匀会引起细胞膜传质能力有所不同的条件[49]。G. M. Fahy 对 Mazur 方程进行了简化,把二阶的微分方程改为一阶方程,他认为如果有甘油和二甲基亚砜等低温保护剂存在,则应该考虑非理想溶液的影响[50]。J. O. M. Karlsson 等又进一步扩大了 Mazur 方程的应用场合,使其适用于低温保护剂存在的条件[5]。此后,罗大为等又研究了大样品不同位置处细胞在冷冻降温过程中所发生的反应,可以很好地反映空间位置在冷冻过程中对细胞样品产生的影响[51]。

1.2.2 水凝胶用于细胞冷冻过程中减少胞内冰形成

在胞内冰如何形成的问题上,学术界一直存在争议。一部分学者认为胞内冰的产生是造成冷冻过程中细胞损伤的主要原因,代表人物有 M. Toner 和 P. Mazur 等,但他们的观点不完全相同。均相成核和异相成核是过冷溶液产生冰晶的两个成核方式。其中,异相成核的冰晶是由杂质粒子、瑕疵表面和晶体上的分子团聚集形成的;均相成核的冰晶则是由纯水中产生的随机热波动形成的。如图 1-3 所示,M. Toner 等认为均相成核和异相成核同时存在,诱发冰晶形成的核子来自细胞内部,即通常所说的体积催化成核机制(VCN),这是因为细胞内一些微小粒子在低温条件下可以促进细胞内水结晶。此外,在细胞内结晶前,细胞外水溶液先结晶,细胞外的冰晶可能会对细胞产生机械力和化学作用而导致细胞膜结构发生变化,间接为细胞内冰晶形成提供场所,这就是表面催化成核机制(SCN)。P. Mazur 认为细胞膜外冰晶通过细胞膜上的微孔进入细胞,这些微小冰晶的介入,为细胞内部冰晶形成提供了必要的场合,即孔理论[52]。这个理论在后来的研究中得到了很多学者的支持,且得到了进一步的完善[53],同时解释了在冷冻过程中组织内形成冰晶的原因。另外,还有一些学者认为细胞膜在冷冻过程中受到了损伤,细胞膜失去了对细胞的保护作用,细胞外冰晶自然地生长到细胞内部。例如,K. Muidrew 等认为:在冷冻初期细胞外产生冰晶,打破了细胞内外的化学平衡导致细胞内外产生渗透压差,当加载在细胞膜上的渗透压差达到一定程度时,细胞膜就会受到损伤,细胞外冰晶也随之进入细胞内部,形成胞内冰。双方都为各自的观点提供了大量的证据,并且都建立了相应的数学模型来预测冰晶的形成。但是,到目前为止所有的证据都是间接的,并没有直接的证据证明胞内冰形成的相关原因。人们早在 19 世纪就观察到了细胞内部的冰晶,随着成像技术的不断发展和进步,确定细胞内部冰晶生成有了一系列的方法,最常见的有以下几种方法:

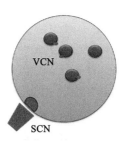

图 1-3 表面催化成核机制和体积催化成核机制示意图

第1章 绪 论

（1）"闪光"法。该种方法利用在胞内冰生成的瞬间，光通过胞内冰晶会发生散射的特性，在低温显微镜上可以观察到细胞突然变暗，由此可以确定细胞内部产生了冰晶[54]。

（2）低温固定法。此种方法是将细胞冷冻到零下某个温度，但在细胞内部冰晶产生前，采用生物学的方法把细胞形态固定住，从而便于观察到胞内冰晶产生的瞬间，以及细胞结构和形态发生的变化[55]。

（3）荧光法。此法首先将细胞标记上各种不同的荧光染料，然后置于低温显微镜下观察[56]。与上述所说的"闪光"法相比，此方法更容易观察到较为复杂的组织中冰晶形成过程，而且准确性更高。

（4）差示扫描量热法（DSC）。这是一种非成像的热力学分析方法。当细胞内部有冰晶生成时，会有潜热放出，利用差示量热仪可以测得样本放热的瞬间存在一个放热峰，由此确定细胞内部有冰晶的产生[57]。但此种方法不能直观地观察到细胞形态的变化和冰晶形成过程。

人们常交叉使用上述方法来确定胞内冰晶的产生[54]。

在过去的一段时期内，人们研究低温保存微胶囊封装后的细胞既采用慢冻的方法（水从液态变为固态冰晶），也采用玻璃化的方法（水从液态变为固态或无固定组织结构的玻璃态）[58-60]。优化冷冻方案可以更好地保持细胞的功能和分化能力以及胶囊的完整性[58-60]。然而，在冷冻过程中，封装后的细胞随着温度和渗透压变化所产生的物理性质的变化，目前还没有得到很好的研究。

L. Canaple 等用聚电解质络合的海藻酸钠封装鼠科动物的肝脏细胞，使用 10%（w/v）的二甲基亚砜作为低温保护剂，封装细胞后的微胶囊首先放到冻存管中，然后把冻存管放到 4 ℃ 环境下 30 min，随后取出冻存管放入 −20 ℃ 的环境下 2 h，再把冻存管放到 −80 ℃ 环境下 24 h，最后把冻存管直接投入液氮中（−196 ℃）。在这种阶梯状的降温程序中，在 −20 ℃ 条件下，液态水转化成冰晶是随机的，因此，会造成结果的不确定性。此外，细胞慢速冷冻后复温存活率也不高（15% 细胞失去增殖能力），且复温后能发现一些胶囊结构遭到破坏[61-62]。D. Zhou 等提出了两种冷冻保存封装胰岛细胞的方法[63]：一种方法是在 −7.5 ℃ 的条件下种冰，然后以 0.2 ℃/min 的速率进行降温，当温度降至 −45 ℃ 时投入液氮中。另一种方法是不种冰，将温度从 4 ℃ 以 1 ℃/min 的速率直接降到 −70 ℃。这两种冷冻方法在冷冻猪的胰岛细胞时产生的冷冻效果差距很大，种冰组的冷冻效果要明显好于不种冰的那组。人们发现，实现对降温速率的精确控制在处理比较敏感的猪胰岛细胞时显得尤为重要。同时，种冰在保持冷冻细胞生理能力方面扮演着很重要的角色。X. M. Li 的研究表明，在种冰的情况下，分别以 0.3 ℃/min 和 5 ℃/min 的冷冻速率降温，两者的冷冻效果差距很小。其可能原因是在慢速冷冻的条件下，两种降温速率都能使细胞脱水，或者是冷冻过程中种冰比降温速率对细胞的功能和分化能力方面的影响更大。P. B. Stiegler 等[64]的研究表明，甘油和二甲基亚砜在冷冻封装细胞上的保护能力相当，而对于封装的细胞，甘油的效果要好于二甲基亚砜。

虽然慢速冷冻能保存微胶囊封装的细胞，但胞内冰和胞外冰的形成对细胞造成的损伤是不可避免的。形成胞内冰会对细胞造成致命的损伤，细胞外溶液结冰，细胞外溶液渗透压升高，会导致细胞脱水，造成溶液损伤。此外，在慢速冷冻过程中，体积相对较大的微胶囊（直径超过 250 μm）结构常会遭受破损，这会对内部封装的细胞造成机械损伤[58]。玻璃化保存作为一种替代慢速冷冻的方法逐渐被人们接受，超快速降温会把水从液态转变为固态。整个冷冻过程无可见冰晶形成，溶液直接变成这种特殊的固态称为玻璃态[16,65]。一些研究中使用浓度高达 7 mol/L 的低温保护剂去玻璃化保存微胶囊封装的细胞[65-66]。虽然一些实验结果表明，玻璃化保存在保持细胞分化和功能及胶囊完整性方面优于慢速冷冻，但过高的保护剂浓度对细胞潜在的渗透压和代谢方面造成的损伤还是令人担忧的。W. J. Zhang 等用低温显微镜观察了贴附在 100 μm 左右的水凝胶微胶囊上的水溶液，在 10%（w/v）二甲基亚砜和降温速率为 100 ℃/min 的条件下，优先玻璃化[67]。因此，封装能明显提高细胞存活率，在上述条件下，用直径为 400 μm 的石英玻璃管装载封装细胞的胶囊（直径约为 100 μm）和未封装的细胞，放入液氮中进行玻璃化保存，如图 1-4 所示，复温后封装组细胞存活率约为 90%，未进行封装组细胞存活率为 42%。因此，直径小的水凝胶胶囊不仅可减少封装细胞造成的渗透压损伤（冷冻过程中冰晶的形成和添加、去除低温保护剂造成的损伤），还能在冷冻过程中减少冷冻损伤[67]。

1.2.3 水凝胶用于细胞 3D 培养和组织工程中

水凝胶本身的某些特性与天然细胞外基质类似，很多交联反应需要的环境比较温和，也是生物体所能接受的，因此，水凝胶在细胞 3D 培养及组织工程方面得到了广泛的应用[68-69]。与细胞具有相容性的水凝胶一般可通过天然物质提取或者人工合成制备[69]。目前，人们通常用海藻酸钠来制备水凝胶，因为海藻酸钠是一种广泛存在于海洋生物中的高聚多糖物质，且具有低毒性、高生物相容性和价格低廉等优良特性。韩国学者[70]在 2004 年将壳聚糖和异丙基丙烯酰胺结合制成温敏型水凝胶，并将其用来转载经过成骨诱导后的骨髓间充质干细胞（MSCs），同时在体外和体内（水凝胶作为细胞生长的支架）都进行了 3D 培养。两周后体外培养的 MSCs 能够表达软骨相关的基因和蛋白，体内培养的细胞水凝胶支架体系也可以表达相关蛋白。因此，实验结果表明这种水凝胶不会影响 MSCs 的软骨相关的蛋白和基因的表达。但是，随后相关检测表明，体外

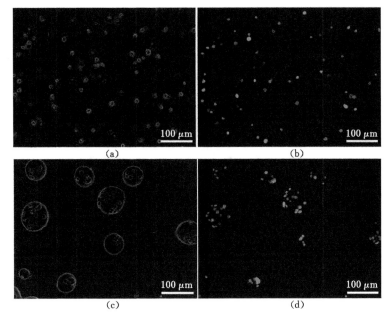

(a) 未封装组玻璃化复温后明场图;(b) 图(a)对应的荧光图;
(c) 封装组玻璃化复温后明场图;(d) 图(c)对应的荧光图。

图 1-4 细胞玻璃化保存复温后结果[67]

3D 培养的 MSCs 在 10 天内细胞数量略有减少。理查森等于 2007 年将人源软骨细胞、MSCs 和髓核(NP)细胞接种到甘油磷酸酯(C/GP)壳聚糖水凝胶中进行体外 3D 培养。培养 4 周后,检测结果表明 MSCs 在无诱导情况下可在 C/GP 水凝胶中表达 NP 细胞相关的基因(MSCs 在含有 C/GP 的水凝胶中有自发分化成 NP 细胞的趋势,且具有相关组织修复潜力)。2010 年,H. P. Tan 等[71]用壳聚糖和氧化透明质酸制备温敏型水凝胶,然后将软骨细胞接种到水凝胶中进行体外 3D 培养,通过显微镜观察统计发现,软骨细胞在水凝胶中 24 h 内的存活率约为 93%,且贴附和生长状态良好。F. Guillemot 等[72]把人的血管内皮细胞悬浮在海藻酸钠和羟基磷灰石纳米颗粒的溶液中,生成直径约 70 μm 的液滴,每个液滴内包裹 5~7 个细胞,打印在石英盘上后细胞存活时间达 11 d。2013 年,日本学者[73]利用双层管中管装置生成具有长条状核壳结构的水凝胶[壳相一般采用水凝胶和天然的细胞外基质(ECM),核相一般根据模拟生成不同的组织选择不同的细胞悬浮液],然后进行体外 3D 培养,模拟生成如肌肉、血管或者神经网络等组织。2015 年,Y. H. Li 等[74]利用光固化水凝胶快速生成包裹细胞的类似面条的实心条状水凝胶,然后在体外进行 3D 培养,此方法简化了水凝胶封装细胞程序,方便了组织工程中的大规模生产。

参 考 文 献

[1] GAGE A A. History of cryosurgery[J]. Seminars in surgical oncology, 1998,14(2):99-109.

[2] 华泽钊,任禾盛. 低温生物医学技术[M]. 北京:科学出版社,1994.

[3] 李广武,郑从义,唐兵. 低温生物学[M]. 长沙:湖南科学技术出版社,1998.

[4] MAZUR P. Freezing of living cells: mechanisms and implications[J]. American journal of physiology-cell physiology,1984,247(3):C125-C142.

[5] KARLSSON J O M,CRAVALHO E G,TONER M. A model of diffusion-limited ice growth inside biological cells during freezing[J]. Journal of applied physics,1994,75(9):4442-4455.

[6] YANG G,ZHANG A,XU L X,et al. Modeling the cell-type dependence of diffusion-limited intracellular ice nucleation and growth during both vitrification and slow freezing[J]. Journal of applied physics,2009,105(11):920-951.

[7] ZHAO G,TAKAMATSU H,HE X M. The effect of solution nonideality on modeling transmembrane water transport and diffusion-limited intracellular ice formation during cryopreservation[J]. Journal of applied physics,2014,115(14):144701-144713.

[8] FAHY G M,WOWK B,WU J,et al. Improved vitrification solutions based on the predictability of vitrification solution toxicity[J]. Cryobiology, 2004,48(3):365.

[9] AMIR G,HOROWITZ L,RUBINSKY B,et al. Subzero nonfreezing cryopresevation of rat hearts using antifreeze protein Ⅰ and antifreeze protein Ⅲ[J]. Cryobiology,2004,48(3):273-282.

[10] WALTERS K R,SFORMO T,BARNES B M,et al. Freeze tolerance in an arctic Alaska stonefly[J]. The journal of experimental biology,2009, 212(2):305-312.

[11] 华泽钊. 低温生物医学与热物理[J]. 物理与工程,2001,11(6):1-4.

[12] LIEBERMANN J,NAWROTH F,ISACHENKO V,et al. Potential importance of vitrification in reproductive medicine[J]. Biology of reproduction,2002, 67(6):1671-1680.

[13] LUYET B J. The vitrification of organic colloids and of protoplasm[J].

Biodynamica,1937,1(29):1-14.
[14] FRANKS F. Water a comprehensive treatise volum 6: recent advances[M]. New York:Plenum Press,1979.
[15] FAHY G M. Prospects for vitrification of whole organs[J]. Cryobiology, 1981,18(6):617.
[16] RALL W F,FAHY G M. Ice-free cryopreservation of mouse embryos at −196 ℃ by vitrification[J]. Nature,1985,313:573-575.
[17] MACFARLANE D R. Physical aspects of vitrification in aqueous solutions[J]. Cryobiology,1987,24(3):181-195.
[18] MAZUR P. The role of intracellular freezing in the death of cells cooled at supraoptimal rates[J]. Cryobiology,1977,14(3):251-272.
[19] AHMED E M. Hydrogel:preparation,characterization,and applications:a review[J]. Journal of advanced research,2015,6(2):105-121.
[20] EL-SHERBINY I M, YACOUB M H. Hydrogel scaffolds for tissue engineering:progress and challenges[J]. Global cardiology science and practice,2013,2013(3):316-342.
[21] SEONG T W,JUN L X. Advances in hydrogel delivery systems for tissue regeneration[J]. Materials science & engineering C:materials for biological applications,2014,45:690-697.
[22] ASTI A,GIOGLIO L. Natural and synthetic biodegradable polymers:different scaffolds for cell expansion and tissue formation[J]. The international journal of artificial organs,2014,37(3):187-205.
[23] SANEN K,PAESEN R,LUYCK S,et al. Label-free mapping of microstructural organisation in self-aligning cellular collagen hydrogels using image correlation spectroscopy[J]. Acta biomaterialia,2016,30:258-264.
[24] BI F G,SHI Z L,LIU A,et al. Anterior cruciate ligament reconstruction in a rabbit model using silk-collagen scaffold and comparison with autograft[J]. Plos one,2015,10(5):0125900.
[25] SIRITIENTONG T,SRICHANA T,ARAMWIT P. The effect of sterilization methods on the physical properties of silk sericin scaffolds[J]. Aaps pharmscitech,2011,12(2):771-781.
[26] TEH T K H,TOH S L,GOH J C H. Optimization of the silk scaffold sericin removal process for retention of silk fibroin protein structure and mechanical properties[J]. Biomedical materials,2010,5(3):35008.

[27] ROSIQUE R G, ROSIQUE M J, JUNIOR J A F. Curbing inflammation in skin wound healing: a review[J]. International journal of inflammation, 2015(4):316235.

[28] RICHMOND J M, HARRIS J E. Immunology and skin in health and disease [J]. Cold spring harbor perspectives in medicine, 2014, 4(12): a015339.

[29] JOHNSON K E, WILGUS T A. Vascular endothelial growth factor and angiogenesis in the regulation of cutaneous wound repair[J]. Advances in wound care, 2014, 3(10):647-661.

[30] MAUNEY J R, NGUYEN T, GILLEN K, et al. Engineering adipose-like tissue in vitro and in vivo utilizing human bone marrow and adipose-derived mesenchymal stem cells with silk fibroin 3D scaffolds[J]. Biomaterials, 2007, 28(35):5280-5290.

[31] STOSICH M S, MAO J J. Adipose tissue engineering from human adult stem cells: clinical implications in plastic and reconstructive surgery[J]. Plastic and reconstructive surgery, 2007, 119(1):71-83.

[32] CLAVIJO-ALVAREZ J A, RUBIN J P, BENNETT J, et al. A novel perfluoroelastomer seeded with adipose-derived stem cells for soft-tissue repair[J]. Plastic and reconstructive surgery, 2006, 118(5):1132-1142.

[33] JAE R Y, YOUNG S S. Cell-encapsulating droplet formation and freezing [J]. Applied physics letters, 2012, 101(13):133701.

[34] HERRLER A, EISNER S, BACH V, et al. Cryopreservation of spermatozoa in alginic acid capsules[J]. Fertility and sterility, 2006, 85(1):208-213.

[35] KUMACHEV A, GREENER J, TUMARKIN E, et al. High-throughput generation of hydrogel microbeads with varying elasticity for cell encapsulation [J]. Biomaterials, 2011, 32(6):1477-1483.

[36] HUANG H S, CHOI J K, RAO W, et al. Alginate hydrogel microencapsulation inhibits devitrification and enables large-volume low-CPA cell vitrification[J]. Advanced functional materials, 2015, 25(44):6939-6950.

[37] BANK H, MAZUR P. Visualization of freezing damage[J]. Journal of cell biology, 1973, 57(3):729-742.

[38] VIGIER G, VASSOILLE R. Ice nucleation and crystallization in water-glycerol mixtures[J]. Cryobiology, 1987, 24(4):345-354.

[39] VAN VENROOIJ G E, AERTSEN A M, HAX W M, et al. Freeze-etching: freezing velocity and crystal size at different locations in samples[J].

Cryobiology,1975,12(1):46-61.

[40] RYLANDER M N, DILLER K R, WANG S H, et al. Correlation of HSP70 expression and cell viability following thermal stimulation of bovine aortic endothelial cells[J]. Journal of biomechanical engineering, 2005,127(5):751-757.

[41] FOWLER A,TONER M. Cryo-injury and biopreservation[J]. Annals of the New York Academy of Sciences,2006,1066(1):119-135.

[42] KARLSSON J O,TONER M. Long-term storage of tissues by cryopreservation: critical issues[J]. Biomaterials,1996,17(3):243-256.

[43] HENG B C,KULESHOVA L L,BESTED S M,et al. The cryopreservation of human embryonic stem cells[J]. Biotechnology and applied biochemistry, 2005,41(2):97-104.

[44] HE X M,PARK E Y H,FOWLER A,et al. Vitrification by ultra-fast cooling at a low concentration of cryoprotectants in a quartz micro-capillary: a study using murine embryonic stem cells[J]. Cryobiology,2008,56(3):223-232.

[45] MAZUR P. Kinetics of water loss from cells at subzero temperatures and the likelihood of intracellular freezing[J]. Journal of general physiology, 1963,47(2):347-369.

[46] LEVIN R L,CRAVALHO E G,HUGGINS C E. Effect of hydration on the water content of human erythrocytes[J]. Biophysical journal,1976, 16(12):1411-1426.

[47] DIVYA M S,ROSHIN G E,DIVYA T S,et al. Umbilical cord blood-derived mesenchymal stem cells consist of a unique population of progenitors co-expressing mesenchymal stem cell and neuronal markers capable of instantaneous neuronal differentiation[J]. Stem cell research & therapy, 2012,3(6):57.

[48] 刘静. 纳米冷冻治疗学:纳米医学的新前沿[J]. 科技导报,2007,25(15):67-74.

[49] ROOS Y H. Frozen state transitions in relation to freeze drying[J]. Journal of thermal analysis,1997,48(3):535-544.

[50] FAHY G M. Simplified calculation of cell water content during freezing and thawing in nonideal solutions of cryoprotective agents and its possible application to the study of "solution effects" injury[J]. Cryobiology, 1981,18(5):473-482.

[51] 罗大为,高大勇,程曙霞,等. 在三元溶液低温相变过程中细胞反应的数值模拟[J]. 中国科学技术大学学报,2003,33(1):84-91.

[52] MAZUR P. Physical factors implicated in the death of microorganisms at subzero temperatures[J]. Annals of the New York Academy of Sciences,1960,85(2):610-629.

[53] ZHOU J S,ZHOU G Q,ZHANG Q,et al. Experimental research on evolving rules of segregation ice in artificial frozen soil[C]//Proceedings of the 6th International Conference on Mining Science & Technology,2009.

[54] ACKER J P,CROTEAU I M. Pre- and post-thaw assessment of intracellular ice formation[J]. Journal of microscopy,2004,215(2):131-138.

[55] SHIURBA R. Freeze-substitution: origins and applications[J]. International review of cytology,2001,206:45-96.

[56] ACKER J P,MCGANN L E. Cell-cell contact affects membrane integrity after intracellular freezing[J]. Cryobiology,2000,40(1):54-63.

[57] MYERS S P,PITT R E,LYNCH D V,et al. Characterization of intracellular ice formation indrosophila melanogaster embryos[J]. Cryobiology,1989,26(5):472-484.

[58] HENG B C,YU Y J H,NG S C. Slow-cooling protocols for microcapsule cryopreservation[J]. Journal of microencapsulation,2004,21(4):455-467.

[59] STENSVAAG V,FURMANEK T,LØNNING K,et al. Cryopreservation of alginate-encapsulated recombinant cells for antiangiogenic therapy[J]. Cell transplantation,2004,13(1):35-44.

[60] WU Y N,YU H,CHANG S,et al. Vitreous cryopreservation of cell-biomaterial constructs involving encapsulated hepatocytes[J]. Tissue engineering,2007,13(3):649-658.

[61] CANAPLE L,NURDIN N,ANGELOVA N,et al. Maintenance of primary murine hepatocyte functions in multicomponent polymer capsules:in vitro cryopreservation studies[J]. Journal of hepatology,2001,34(1):11-18.

[62] HAQUE T,CHEN H,OUYANG W,et al. Investigation of a new micro-capsule membrane combining alginate, chitosan, polyethylene glycol and poly-L-lysine for cell transplantation applications[J]. The international journal of artificial organs,2005,28(6):631-637.

[63] ZHOU D,VACEK I,SUNA M. Cryopreservation of microencapsulated porcine pancreatic islets[J]. Transplantation,1997,64(8):1112-1116.

[64] STIEGLER P B, STADLBAUER V, SCHAFFELLNER S, et al. Cryopreservation of insulin-producing cells microencapsulated in sodium cellulose sulfate [J]. Transplantation proceedings, 2006, 38 (9): 3026-3030.

[65] AGUDELO C A, IWATA H. The development of alternative vitrification solutions for microencapsulated islets [J]. Biomaterials, 2008, 29 (9): 1167-1176.

[66] KULESHOVA L L, WANG X W, WU Y N, et al. Vitrification of encapsulated hepatocytes with reduced cooling and warming rates [J]. Cryo letters, 2004, 25(4): 241-254.

[67] ZHANG W J, YANG G E, ZHANG A L, et al. Preferential vitrification of water in small alginate microcapsules significantly augments cell cryopreservation by vitrification [J]. Biomedical microdevices, 2010, 12(1): 89-96.

[68] TSANG K M C, ANNABI N, ERCOLE F, et al. Facile one-step micropatterning using photodegradable gelatin hydrogels for improved cardiomyocyte organization and alignment [J]. Advanced functional materials, 2015, 25(6): 977-986.

[69] YANG J A, YEOM J, HWANG B W, et al. In situ-forming injectable hydrogels for regenerative medicine [J]. Progress in polymer science, 2014, 39(12): 1973-1986.

[70] CHO J H, KIM S H, PARK K D, et al. Chondrogenic differentiation of human mesenchymal stem cells using a thermosensitive poly(N-isopropylacrylamide) and water-soluble chitosan copolymer [J]. Biomaterials, 2004, 25(26): 5743-5751.

[71] TAN H P, RUBIN J P, MARRA K G. Injectable in situ forming biodegradable chitosan-hyaluronic acid based hydrogels for adipose tissue regeneration [J]. Organogenesis, 2010, 6(3): 173-180.

[72] GUILLEMOT F, SOUQUET A, CATROS S, et al. High-throughput laser printing of cells and biomaterials for tissue engineering [J]. Acta biomaterialia, 2010, 6(7): 2494-2500.

[73] ONOE H, OKITSU T, ITOU A, et al. Metre-long cell-laden microfibres exhibit tissue morphologies and functions [J]. Nature materials, 2013, 12(6): 584-590.

[74] LI Y H, POON C T, LI M X, et al. Hydrogel fibers: Chinese-noodle-inspired muscle myofiber fabrication[J]. Advanced functional materials, 2015, 25(37):6020.

第2章 间充质干细胞冷冻过程中水的跨膜传输和胞内冰晶形成概率

2.1 引　　言

低温保存和低温治疗是低温生物医学领域两个典型的应用。一方面,长期深低温保存细胞和组织,可以用于以后基于细胞的组织工程、再生医学和辅助生殖[1-8]。另一方面,冷冻治疗利用冷冻来杀死病变组织,近些年,采用微创手术治疗肿瘤和其他疾病引起越来越多人的注意[9-11]。然而,如果冷冻方案设计得不合理,治疗肿瘤不彻底,常会导致肿瘤复发[11-15]。细胞在冷冻过程中水传输和细胞内含水量对细胞是否受损伤十分重要。P. Mazur提出了水传输方程,模型假设细胞膜上水传输为一个有限速率半透膜传输,后来这个假设的正确性得到了验证[1],除了那些具有高渗透性细胞膜的细胞(红细胞)或者温度非常低的情况。

1977年,P. Mazur根据实验现象建立了最早的胞内冰现象学模型,虽然后来皮特等加入了统计学元素,但该现象学模型应用的范围非常有限。结合跨膜水输运模型,M. Toner等于1990年提出两机制模型来预测细胞的胞内冰晶成核概率[16],后来得到很多学者的关注[14,17]。胞内冰形成主要包括两个过程,即冰晶成核和生长。此外,在没有低温保护剂的情况下,胞内冰晶一旦成核,冰晶会迅速生长到整个细胞[15,18],这是由于活细胞内溶液黏度比较低,冰晶很容易生长到细胞内微小的空间中。因此,近年来人们通过理论模型和实验都对冷冻过程中冰晶成核现象做了很多研究[15,18-25]。

M. Toner认为冰晶成核机制主要分为均相成核和异相成核两种。其中,均相成核是指由水分子团引发冰相,而异相成核冰相主要是杂质引起的。后来M. Toner等又提出在较高温度下细胞膜可以催化胞内冰的形成[24-25]。他们的实验结果表明,在细胞外有冰晶存在的条件下,胞内冰通常在$-15 \sim -5$ ℃范围内产生。R. A. Callow等的实验结果显示,在没有胞内成分的脂质体内,胞内冰出现在$-10 \sim -5$ ℃之间[26]。这个实验结果把胞外冰和细胞质细胞膜的共同作用和胞内冰联系起来。后来,R. E. Pitt 和 P. L. Steponkus 于 1989 年同时用适应性和非适应性的原生质体作为研究对象,他们发现等渗溶液产生的胞内冰需要的温度范围比高渗溶液产生胞内冰需要的温度范围要低。同时,适应性原生质体产生胞内冰需要的温度范围比非适应性原生质体需要的温度范围要低。只有在胞外冰存在的情况下,胞内冰在 $-15\sim-5$ ℃ 范围内才有可能生成。M. Toner 提出的胞内冰成核催化机制可以归纳为表面催化成核机制和体积催化成核机制。表面催化成核机制主要是指在胞外冰存在的基础上,细胞膜接触到胞外冰后充当胞内冰的成核剂,引发细胞内冰晶生长。M. Toner 指出在有胞外冰存在的条件下,表面催化成核比体积催化成核更有效,需要的温度范围更大。但是在保护剂存在、无胞外冰和细胞过度失水条件下,体积催化比表面催化更有效。M. Toner 总结了两种催化成核机制,形成了一套 Toner 胞内冰概率模型。但这一模型假设的前提条件为冰晶在成核时瞬间扩散到细胞内部。因此,它多数情况下用于较低降温速率(<500 ℃/min)的案例,且要求不添加任何保护剂。对于较快的降温速率或者有保护剂存在的条件,冰晶成核后生长到整个细胞内部空间所需要的时间远大于细胞降到目标温度的时间。因此,M. Toner 等提出的两机制模型是有局限性的,后来 J. Kalsson 等在此基础上完善了该模型,提出胞内冰晶成核后在细胞内为有限生长。J. L. Wilson 等进一步改进了这个模型,发现早期形成的冰晶会对随后水分输运和冰晶形成造成影响;并引入了软冲击作用来描述冰晶在各自生长过程中的相互影响[27-30]。

2.2　Mazur 水输运方程

P. Mazur 早在 1963 年就提出慢速冷冻会影响胞内冰的成核概率,由于冷冻会使胞外温度下降,细胞内溶液会处于过冷状态,细胞内部蒸汽压比细胞外蒸汽压高。如果细胞内部溶液没能及时渗透到细胞外边,随着温度不断下降,细胞内外渗透压会不断增大。在慢速冷冻情况下,渗透压会迫使细胞内溶液渗透到细胞外,且如果降温速率足够慢,细胞会通过不断脱水来消除渗透压差,并且让细胞内溶液温度维持在冻结点,在这种情况下,胞内溶液不会结冰。同时,这种蒸汽压差引起的细胞脱水速率也会影响胞内含水量和过冷度,且细胞表面积与体积比及渗透性也将影响细胞的失水率[31-32]。

首先假设细胞内溶液为理想溶液,根据 Raoult 公式可得:

$$p_x = p°x_x \tag{2-1}$$

式中,p_x,$p°$ 和 x_x 分别代表细胞内水的蒸汽压、纯水的蒸汽压和胞内水的摩尔分数。将式(2-1)两边分别对温度进行微分运算得:

第2章 间充质干细胞冷冻过程中水的跨膜传输和胞内冰晶形成概率

$$\frac{\mathrm{d}\ln p_{\mathrm{x}}}{\mathrm{d}T} = \frac{\mathrm{d}\ln p^{\circ}}{\mathrm{d}T} + \frac{\mathrm{d}\ln x_{\mathrm{x}}}{\mathrm{d}T} \qquad (2\text{-}2)$$

按照 Clapeyron 方程,得到:

$$\frac{\mathrm{d}\ln p^{\circ}}{\mathrm{d}T} = \frac{L_{\mathrm{v}}}{RT^{2}} \qquad (2\text{-}3)$$

式中,L_{v} 为水的汽化潜热。这样细胞内蒸汽压与温度的关系为:

$$\frac{\mathrm{d}\ln p_{\mathrm{x}}}{\mathrm{d}T} = \frac{L_{\mathrm{v}}}{RT^{2}} + \frac{\mathrm{d}\ln x_{\mathrm{x}}}{\mathrm{d}T} \qquad (2\text{-}4)$$

细胞外蒸汽压为 p_{e},胞外溶液中蒸汽压随温度变化关系为:

$$\frac{\mathrm{d}\ln p_{\mathrm{e}}}{\mathrm{d}T} = \frac{L_{\mathrm{s}}}{RT^{2}} \qquad (2\text{-}5)$$

因此,细胞内外蒸汽压之比和细胞内外含水体积随温度变化关系为:

$$\frac{\mathrm{d}\ln(p_{\mathrm{e}}/p_{\mathrm{x}})}{\mathrm{d}T} = \frac{L_{\mathrm{s}}}{RT^{2}} - \frac{L_{\mathrm{v}}}{RT^{2}} - \frac{\mathrm{d}\ln x_{\mathrm{x}}}{\mathrm{d}T} \qquad (2\text{-}6)$$

将水的溶解热 $L_{\mathrm{f}} = L_{\mathrm{s}} - L_{\mathrm{v}}$ 代入式(2-6)得:

$$\frac{\mathrm{d}\ln(p_{\mathrm{e}}/p_{\mathrm{x}})}{\mathrm{d}T} = \frac{L_{\mathrm{f}}}{RT^{2}} - \frac{\mathrm{d}\ln x_{\mathrm{x}}}{\mathrm{d}T} \qquad (2\text{-}7)$$

其中:

$$x_{\mathrm{x}} = \frac{n_{\mathrm{x}}}{(n_{\mathrm{x}} + n_{\mathrm{s}})} = \frac{n_{\mathrm{x}} v_{\mathrm{x}}}{n_{\mathrm{x}} v_{\mathrm{x}} + n_{\mathrm{s}} v_{\mathrm{x}}} = \frac{V_{\mathrm{x}}}{(V_{\mathrm{x}} + n_{\mathrm{s}} v_{\mathrm{x}}^{\circ})} \qquad (2\text{-}8)$$

式中,V_{x} 表示细胞内水的含量;v_{x} 是水的偏摩尔体积,对于稀溶液,可以用纯水摩尔体积 v_{x}° 来近似代替 v_{x}。将式(2-8)代入式(2-7)得:

$$\frac{\mathrm{d}\ln(p_{\mathrm{e}}/p_{\mathrm{x}})}{\mathrm{d}T} = \frac{L_{\mathrm{f}}}{RT^{2}} - \frac{n_{\mathrm{s}} v_{\mathrm{x}}^{\circ}}{(V_{\mathrm{x}} + n_{\mathrm{s}} v_{\mathrm{x}}^{\circ})V_{\mathrm{x}}} \frac{\mathrm{d}V_{\mathrm{x}}}{\mathrm{d}T} \qquad (2\text{-}9)$$

水的渗透方程为:

$$\frac{\mathrm{d}V_{\mathrm{x}}}{\mathrm{d}t} = -PA\left(\prod\nolimits_{\mathrm{e}} - \prod\nolimits_{\mathrm{x}}\right) \qquad (2\text{-}10)$$

式中,P 是细胞膜的渗透率;A 为细胞膜的表面积。根据稀溶液的性质,渗透压具有依数性质,可以证明渗透压为:

$$\prod = RT x_{\mathrm{s}}/v_{\mathrm{x}}^{\circ} \qquad (2\text{-}11)$$

由于 $x_{\mathrm{x}} = 1 - x_{\mathrm{s}}$,而且 $\ln x_{\mathrm{x}} = \ln(1-x_{\mathrm{s}}) \approx -x$,可得:

$$\prod v_{\mathrm{x}}^{\circ} = -RT \ln x_{\mathrm{x}} \qquad (2\text{-}12)$$

因 $x_{\mathrm{x}} = \frac{p_{\mathrm{x}}}{p^{\circ}}$,则 $\prod v_{\mathrm{x}}^{\circ} = RT \ln\left(\frac{p^{\circ}}{p_{\mathrm{x}}}\right)$。

将上述关系式代入式(2-9),得:

$$\frac{dV_x}{dt} = \left(\frac{PART}{v_x^o}\right)\ln\left(\frac{p_e}{p_x}\right) \tag{2-13}$$

细胞内水体积随温度变化的关系式为：

$$B = \frac{dT}{dt} \tag{2-14}$$

则式(2-13)为：

$$\frac{dV_x}{dT} = \left(\frac{PART}{Bv_x^o}\right)\ln\left(\frac{p_e}{p_x}\right) \tag{2-15}$$

将式(2-15)与式(2-9)相结合，形成一个二阶常微分方程：

$$\frac{d}{dT}\left(\frac{Bv_x^o}{PART}\frac{dV_x}{dT}\right) = \frac{L_f}{RT^2} - \frac{n_s v_x^o}{(V+n_s v_x^o)}\frac{1}{V_x}\frac{dV_x}{dT} \tag{2-16}$$

从式(2-16)可以看出，Mazur 水输运方程为一个二阶偏微分方程，计算起来很复杂。G. M. Fahy 认为 Mazur 方程复杂之处在于式(2-13)进行了微分运算，而这种微分运算是没有必要的。G. M. Fahy 用积分项来替代微分项，G. M. Fahy 的简化方程为[17,26,31-32]：

$$\frac{dV}{dT} = \frac{-kART}{Bv_x^o}\left[\frac{L_f}{R}\left(\frac{1}{T_r} - \frac{1}{T}\right) - \ln\left(\frac{V-V_b-V_s}{V-V_b-V_s+\varphi_s v_x n_s}\right)\right] \tag{2-17}$$

式中，T_r 为设置的参考温度；V_b 为细胞非渗透体积；V_s 为细胞内 NaCl 的体积；$\varphi_s = 2$，为 NaCl 的电离常数；渗透率 k 的表达式为：

$$k = L_p = L_{pg}\exp\left[\frac{-E_{LP}}{R}\left(\frac{1}{T} - \frac{1}{T_r}\right)\right] \tag{2-18}$$

式中，L_p 为细胞膜的渗透率；L_{pg} 为在设置参考温度 T_r 下细胞膜对水的渗透系数；E_{LP} 为水输运的活化能。

2.3 Toner 胞内冰形成概率

一般实验很难观测到成核概率，但实验通常可以更容易地观测胞内冰形成概率。胞内冰形成分成两步：第一步为细胞内部冷冻形成冰核，第二步为冰核慢慢生长形成冰晶。如果忽略冰晶形成时间，则细胞结晶率可以表示为(M. Toner,1990)：

$$I^s = \frac{1}{N_c^u V_w}\frac{\partial i^*}{\partial t} \tag{2-19}$$

式中，$\frac{\partial i^*}{\partial t}$ 表示临界簇形成的概率；N_c^u 为在 t 时刻非冻结细胞的总数；V_w 为细胞内含水量。假设临界簇导致自发成核，则 $\frac{\partial i^*}{\partial t} = \frac{\partial N_c^u}{\partial t}$，通过积分得到：

$$\ln[1-PIF(V_{\mathrm{w}},T)] = \frac{1}{B}\int_{T_{\mathrm{f}}}^{T} V_{\mathrm{w}}(T) I^{\mathrm{s}}(V_{\mathrm{w}},T) \mathrm{d}T \qquad (2\text{-}20)$$

式中,PIF 为胞内冰形成概率。异相成核与同相成核类似,异相成核胞内冰形成概率与催化胞内冰基质体积成正比,因此式(2-20)可以写为:

$$\ln[1-PIF(A^{\mathrm{s}},T)] = \frac{1}{B}\int_{T_{\mathrm{f}}}^{T} A^{\mathrm{s}} I_{\mathrm{het}}^{\mathrm{s}}(A^{\mathrm{s}},T) \mathrm{d}T \qquad (2\text{-}21)$$

式中,A^{s} 为细胞表面积(表面催化成核)。因此,胞内冰形成概率可以表达为成核率的函数。这个函数对于体积催化成核机制同样适用。Toner 胞内冰形成概率方程可以表示为(式中,XCN 表示两种机制中的任何一种。由此可见,Toner 模型包括 SCN 和 VCN 两种机制,成核率主要通过热力学因子 κ 和动力学因子 Ω 来刻画)[15,17]:

$$P_{\mathrm{IIF}} = P_{\mathrm{IIF}}^{\mathrm{SCN}} + (1-P_{\mathrm{IIF}}^{\mathrm{VCN}}) P_{\mathrm{IIF}}^{\mathrm{VCN}} \qquad (2\text{-}22)$$

$$P_{\mathrm{IIF}}^{\mathrm{SCN}} = 1 - \exp\left[-\frac{1}{B}\int_{T_{\mathrm{f}}}^{T} A I^{\mathrm{SCN}} \mathrm{d}T\right] \qquad (2\text{-}23)$$

$$P_{\mathrm{IIF}}^{\mathrm{VCN}} = 1 - \exp\left[-\frac{1}{B}\int_{T_{\mathrm{f}}}^{T} V I^{\mathrm{VCN}} \mathrm{d}T\right] \qquad (2\text{-}24)$$

$$I^{\mathrm{XCN}} = \Omega_{\mathrm{o}}^{\mathrm{XCN}}\left(\frac{N^{\mathrm{XCN}}}{N_{\mathrm{o}}^{\mathrm{XCN}}}\right)\left(\frac{\eta_{\mathrm{o}}}{\eta}\right)\left(\frac{T}{T_{\mathrm{f}_{\mathrm{o}}}}\right)^{\frac{1}{2}} \exp\left[-\frac{\kappa_{\mathrm{o}}^{\mathrm{XCN}} (T_{\mathrm{f}}/T_{\mathrm{f}_{\mathrm{o}}})^4}{(T-T_{\mathrm{f}})^2 T^3}\right] \qquad (2\text{-}25)$$

式中,下标 o 表示等渗状态;t 为时间;T 为等渗条件下平衡冷冻温度(272.65 K);I^{XCN} 为表面催化成核概率;Ω_0^{XCN} 为指前因子,$\mathrm{m}^{-2}\cdot\mathrm{s}^{-1}$;$\kappa_0^{\mathrm{XCN}}$ 为指数因子;N^{XCN} 为与底物结合的水分子数;T_{f} 表示平衡冷冻温度,根据文献[25]可得:

$$T_{\mathrm{f}} = \left[\left(\frac{1}{T_{\mathrm{f}_{\mathrm{o}}}} - \frac{R}{L_{\mathrm{f}}}\right)\right] \times \ln\left(\frac{n_{\mathrm{w}}}{n_{\mathrm{w}}+n_{\mathrm{s}}}\right)^{-1} \qquad (2\text{-}26)$$

式中,η 为细胞质黏度,可以用下述方程来表述[25-28]:

$$\eta = \eta_{\mathrm{w}} \exp\left[\frac{2.5\varphi_{\mathrm{s}}}{1-0.16\varphi_{\mathrm{s}}}\right] \qquad (2\text{-}27)$$

式中,φ_{s} 为盐的体积;η_{w} 为纯水的黏度,可以通过自由体积模型表述为[28-29]:

$$\eta_{\mathrm{w}} = \eta_{\mathrm{w,o}} \exp\left[\frac{v_{\mathrm{w}}^{*}}{(K_{11}/\lambda)(K_{21}-T_{\mathrm{gw}}+T)}\right] \qquad (2\text{-}28)$$

式中,v_{w}^{*} 表示在绝对零度下的比容,0.91 mol/g;λ 表示重叠因子;K_{11}/λ(1.945 mL·g^{-1}·K^{-1})和 K_{21}(−19.73 K)表示两个自由容积;T_{gw} 表示水的玻璃化转变温度(136 K)。

本研究通过低温显微镜实验记录下间充质干细胞(MSC)在不同降温速率下的体积变化情况,拟合得到细胞膜对水的渗透系数 L_{pg} 和水输运的活化能 E_{LP}。同时,统计出不同降温速率下胞内冰形成概率,为以后冷冻保存 MSC 选择最佳的降温速率以减小冷冻损伤提供依据。

2.4 实验平台搭建

本实验用到一套低温显微镜系统,如图 2-1 所示,低温显微镜系统主要包括一套 Olympus BX51 光学显微镜和一套温度可控的 INSTEC-HCS302GXY 低温冷台,低温冷台通过中间的银台实现温控,银台可变温度范围为 $-150\sim 40\ ℃$,温度可控精度为 $\pm 0.1\ ℃$,升降温精度为 $0.1\ ℃/\min$。低温冷台通过抽取液氮来降温和维持温度。实验开始前首先盖上冷台上盖,拧好螺丝;实验开始后,先用氮气排除冷台样品室的水蒸气,防止在实验过程中形成水蒸气影响视频录制。本实验用 Olympus 20 倍长焦物镜配合 QIMAGING-5.0RTV 的 CCD 相机完成细胞形态变化录制。本实验用铁丝蘸取液氮给溶液种冰,消除其过冷度。

(a) 低温显微镜系统;(b) 低温冷台;(c) 低温冷台内部结构。

图 2-1 装置系统图

2.5 实验步骤

本实验采用 MSC 作为研究对象,首先打开所有实验设备(计算机、CCD 相机和低温冷台),把圆形载玻片(直径 18 mm)放到银台中心,再用移液枪量取

4 μL细胞悬浮液加到载玻片中心,用圆形盖玻片轻轻地盖在载玻片上,盖上冷台上盖,调整显微镜焦距,使得能看清楚视野中的细胞,然后移动载玻片,使显微镜视野中细胞数量尽可能多。

对于慢速冷冻而言,种冰消除过冷是必不可少的。如果不种冰,则溶液会在远远低于平衡凝固点的某个不可预测的温度点自发地形成冰晶,而且冰晶生成的温度点是随机的,相同冷冻方案每次实验细胞存活率都不相同,因此实验无可重复性。同时,有研究表明,在高度过冷的溶液中形成的胞外冰晶,会导致胞内冰形成概率大幅度增加[8]。形成这种现象的原因之一可能是高度过冷的溶液使胞外冰晶快速形成释放潜热,引起热波动,加快了样品周边的降温速率,进而增加胞内冰的形成概率。第二种原因可能是高度过冷的溶液延迟了细胞的脱水,细胞内水量相对没有过冷溶液的细胞多一些,从而导致胞内冰形成概率增加。

盖上低温冷台的盖子,开始慢速降温,首先以 10 ℃/min 的降温速率将细胞悬浮液的温度从室温降到 −1 ℃,即低于细胞外 PBS 平衡凝固点温度(−0.53 ℃)。从显示器中发现没有冰晶形成,故溶液进入过冷状态,打开低温冷台盖板,用铁丝尖端放入液氮中,然后快速拿出,放到盖玻片边缘,当盖片内溶液结冰后,拿开铁丝,迅速拧上低温冷台盖板,让低温冷台复温到 0.5 ℃,一般保持 2 min,待细胞外冰晶全部融化后,细胞又恢复到圆球状。最后,分别按 5 ℃/min、10 ℃/min 和 15 ℃/min 三种不同的降温速率降温至 −100 ℃,再以 50 ℃/min 复温到 40 ℃。

2.6　间充质干细胞在不同降温速率条件下水输运的研究

图 2-2 为细胞在冷冻过程中典型的形态变化过程。常温下 MSC 轮廓清晰,形状接近圆形。温度降到 −1 ℃ 稳定种冰,细胞外冰晶迅速充满细胞间隙(显微镜整个视野除细胞外全部变成黑色),细胞边缘变得模糊,有些细胞甚至变形。然后复温到 1 ℃ 保持 2 min,待细胞间冰晶全部融化且细胞恢复圆形后,按不同的降温速率降温,随着温度的降低,细胞外冰晶不断生长,细胞外冻结的溶液中有溶质析出,非冻结溶液溶质浓度升高,细胞外溶液渗透压高于细胞内溶液渗透压,细胞内溶液向细胞外渗透。细胞形态会随着失水不断皱缩,但会基本保持原先的形态。当温度降到某个温度点后,细胞体积皱缩停止,细胞达到失水平衡。

本实验分别用 5 ℃/min、10 ℃/min 和 15 ℃/min 三种降温速率来研究 MSC 在冷冻过程中的跨膜水输运。在每种降温速率下,本实验选取冷冻过程中

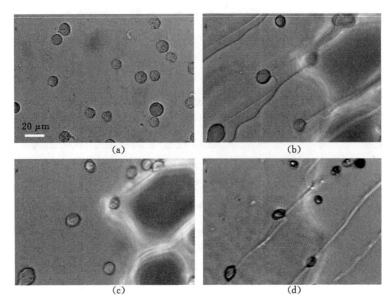

(a) 室温下(20 ℃);(b) 种冰后(−1 ℃);
(c) 种冰后复温到 1 ℃;(d) 以 5 ℃/min 降温到−20 ℃。
图 2-2 细胞在冷冻前后形态变化图片

轮廓变化清晰的细胞作为统计对象,每个温度点至少统计 20 个细胞体积数据,然后取平均值作为这个温度点的平均体积,最后把这些温度点数据前后连接起来形成一条在某个特定降温速率下细胞失水体积变化曲线(见图 2-3)。采用拟合的方法对三个降温速率(5 ℃/min、10 ℃/min 和 15 ℃/min)数据进行拟合,得到细胞膜对水输运的两个重要参数 L_{pg} 和 E_{LP},再用 L_{pg} 和 E_{LP} 来预测细胞在不同降温速率下的水传输图[细胞初始体积为种冰后恢复到 1 ℃ 的细胞体积,由于种冰后细胞外结冰会引起细胞流动,因此得不到室温下观察的原始细胞体积,在 1 ℃ 时测得 MSC 直径为 $(14.85±0.58)\ \mu m (n=20)$]。拟合得到 $L_{pg}=0.096\ 7\ \mu m \cdot min^{-1} \cdot atm^{-1}$,$E_{LP}=29.35\ kcal/mol$。

2.7 间充质干细胞形成胞内冰概率统计

本实验分别采用 20 ℃/min、30 ℃/min 和 60 ℃/min 三种不同的降温速率测试 MSC 在冷冻过程中胞内冰形成的概率,得到数据后采用 Toner 胞内冰形成概率模型[式(2-22)至式(2-25)]对其进行拟合,结果如图 2-4 所示,得到对胞内冰形成概率影响比较大的动力学因子 Ω 和热力学因子 κ,进而预测 MSC 在冷

第 2 章 间充质干细胞冷冻过程中水的跨膜传输和胞内冰晶形成概率

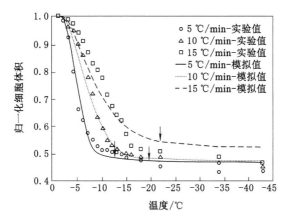

图 2-3 MSC 在冷冻过程中体积变化数据和拟合结果
（箭头所指的位置为细胞进入跨膜水传输的平衡位置）

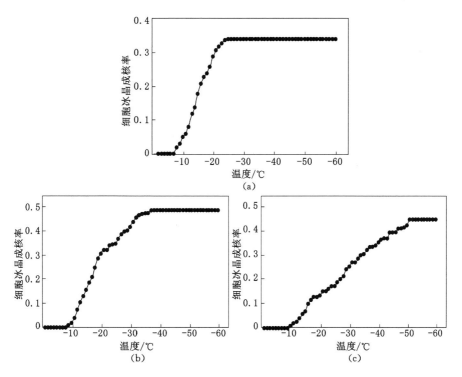

(a) 降温速率为 20 ℃/min；(b) 降温速率为 30 ℃/min；(c) 降温速率为 60 ℃/min。

图 2-4 MSC 在冷冻过程中胞内冰形成概率拟合结果

冻过程中的胞内冰形成概率。Toner 模型拟合结果如图 2-4 所示，圆形为原始数据。从图 2-4 可以看出，随着降温速率的亦增大，形成胞内冰的概率亦越大，且当降温速率达到一定值时，胞内冰形成概率不随降温速率增加而增大。降温速率为 20 ℃/min、30 ℃/min 和 60 ℃/min 时，形成胞内冰的概率分别为 0.35、0.45 和 0.45。这验证了前文提到的理论，即在快速降温时，胞内冰损伤是细胞损伤的主要因素。

2.8 本章小结

通过研究 MSC 在冷冻过程中水传输和胞内冰成核现象，并结合前人的研究工作对其进行了建模模拟，进而得到预测细胞内外水传输和胞内冰产生的变化曲线。从实验结果可以看出，不同的降温速率影响 MSC 的水传输，且降温速率越慢，细胞失水越快，同时进入失水平衡的时间越短。Toner 模型预测胞内冰形成概率在温度较高时比较准确（大于－45 ℃），在温度较低时预测和实际数据差距较大。另外，对胞内冰形成概率对成核参数敏感性进行了分析。分析结果表明，胞内冰形成概率依赖成核参数。只有测得每种细胞的成核参数，才能预测胞内冰活动，包括预测最优的降温速率、平均胞内冰成核温度。

参考文献

[1] KARLSSON J O, TONER M. Long-term storage of tissues by cryopreservation: critical issues[J]. Biomaterials, 1996, 17(3): 243-256.

[2] LIU J, ZIEGER M A J, LAKEY J R, et al. The determination of membrane permeability coefficients of canine pancreatic islet cells and their application to islet cryopreservation[J]. Cryobiology, 1997, 35(1): 1-13.

[3] LI A P, LU C, BRENT J A, et al. Cryopreserved human hepatocytes: characterization of drug-metabolizing activities and applications in higher throughput screening assays for hepatotoxicity, metabolic stability, and drug-drug interaction potential[J]. Chemico-biological interactions, 1999, 121(1): 17-35.

[4] ANGER J T, GILBERT B R, GOLDSTEIN M. Cryopreservation of sperm: indications, methods and results[J]. The journal of urology, 2003, 170(4): 1079-1084.

[5] HUNT C J. The banking and cryopreservation of human embryonic stem

cells[J]. Transfusion medicine and hemotherapy,2007,34(4):293-304.

[6] BORINI A,COTICCHIO G. The efficacy and safety of human oocyte cryopreservation by slow cooling[J]. Seminars in reproductive medicine, 2009,27(6):443-449.

[7] MÜLLER-SCHWEINITZER E. Cryopreservation of vascular tissues[J]. Organogenesis,2009,5(3):97-104.

[8] HE X M. Thermostability of biological systems:fundamentals,challenges, and quantification[J]. The open biomedical engineering journal, 2011, 5(1):47-73.

[9] YAN J F,LIU J. Nanocryosurgery and its mechanisms for enhancing freezing efficiency of tumor tissues[J]. Nanomedicine: nanotechnology, biology and medicine,2008,4(1):79-87.

[10] GAGE A A,BAUST J G. Cryosurgery for tumors[J]. Journal of the American College of Surgeons,2007,205(2):342-356.

[11] LIU J,DENG Z S. Nano-cryosurgery:advances and challenges[J]. Journal of nanoscience and nanotechnology,2009,9(8):4521-4542.

[12] BISCHOF J C. Cryobiological research in cryosurgery[J]. Cryobiology, 2006,53(3):368.

[13] MAZUR P. Freezing of living cells: mechanisms and implications[J]. American journal of physiology-cell physiology,1984,247(3):125-142.

[14] BERRADA M S,BISCHOF J C. Evaluation of freezing effects on human microvascular-endothelial cells(HMEC)[J]. Cryo letters, 2001, 22(6): 353-366.

[15] TONER M. Nucleation of ice crystals inside biological cells [R]. [S.l.],1993.

[16] TONER M,CRAVALHO E G,KAREL M. Thermodynamics and kinetics of intracellular ice formation during freezing of biological cells[J]. Journal of applied physics,1990,67(3):1582-1593.

[17] YANG G E,VERES M,SZALAI G,et al. Biotransport phenomena in freezing mammalian oocytes[J]. Annals of biomedical engineering,2011, 39(1):580-591.

[18] SCHEIWE M W,KÖRBER C. Quantitative cryomicroscopic analysis of intracellular freezing of granulocytes without cryoadditive[J]. Cryobiology, 1987,24(5):473-483.

[19] MAZUR P. The role of cell membranes in the freezing of yeast and other single cells[J]. Annals of the New York Academy of Sciences,1965, 125(2):658-676.

[20] MAZUR P. Role of intracellular freezing in the death of cells cooled at supraoptimal rates[J]. Cryobiology,1977,14(3):251-272.

[21] PITT R E,MYERS S P,LIN T T,et al. Subfreezing volumetric behavior and stochastic modeling of intracellular ice formation in drosophila melanogaster embryos[J]. Cryobiology,1991,28(1):72-86.

[22] PITT R E,STEPONKUS P L. Quantitative analysis of the probability of intracellular ice formation during freezing of isolated protoplasts[J]. Cryobiology,1989,26(1):44-63.

[23] TONER M,CRAVALHO E G,ARMANT D R. Water transport and estimated transmembrane potential during freezing of mouse oocytes[J]. The journal of membrane biology,1990,115(3):261-272.

[24] TONER M, TOMPKINS R G, CRAVALHO E G, et al. Transport phenomena during freezing of isolated hepatocytes[J]. Aiche journal, 1992,38(10):1512-1522.

[25] TOSCANO W M, CRAVALHO E G, SILVARES O M, et al. The thermodynamics of intracellular ice nucleation in the freezing of erythrocytes [J]. Journal of heat transfer,1975,97(3):326-332.

[26] CALLOW R A, MCGRATH J J. Thermodynamic modeling and cryomicroscopy of cell-size,unilamellar,and paucilamellar liposomes[J]. Cryobiology,1985,22(3):251-267.

[27] WILSON J L,MCDEVITT T C. Stem cell microencapsulation for phenotypic control, bioprocessing, and transplantation[J]. Biotechnology and bioengineering,2013,110(3):667-682.

[28] MURUA A,ORIVE G, HERNÁNDEZ R M,et al. Cryopreservation based on freezing protocols for the long-term storage of microencapsulated myoblasts [J]. Biomaterials,2009,30(20):3495-3501.

[29] BHAKTA G, LEE K H, MAGALHÃES R, et al. Cryoreservation of alginate-fibrin beads involving bone marrow derived mesenchymal stromal cells by vitrification[J]. Biomaterials,2009,30(3):336-343.

[30] AGARWAL P,CHOI J K, HUANG H S, et al. A biomimetic core-shell platform for miniaturized 3D cell and tissue engineering[J]. Particle &

particle systems characterization,2015,32(8):809-816.
[31] MAZUR P. Kinetics of water loss from cells at subzero temperatures and the likelihood of intracellular freezing[J]. Journal of general physiology, 1963,47(2):347-369.
[32] WENG L D, LI W Z, CHEN C, et al. Kinetics of coupling water and cryoprotectant transport across cell membranes and applications to cryopreservation[J]. The journal of physical chemistry B,2011,115(49): 14721-14731.

第3章 封装有干细胞的水凝胶胶囊在冷冻过程中抑制冰晶形成和促进玻璃化研究

3.1 引　　言

近些年,人们常用水凝胶胶囊封装保存干细胞来替代传统的干细胞保存方法,其在临床移植上有着重要和广泛的应用价值。相比传统的慢速冷冻保存和高浓度(一般需要 6～8 mol/L)渗透性低温保护剂玻璃化保存方法,水凝胶在细胞低温保存过程中能够促进玻璃化,在复温过程中可抑制反玻璃化,降低渗透性低温保护剂在低温保存中需要的浓度,从而减少低温保护剂对细胞的毒性,因而得到学者广泛关注。但目前学者研究只涉及直径较小(直径＜250 μm)的微胶囊,且低温保护剂浓度高到要使整个溶液完全玻璃化(通常肉眼看不到冰晶),这样才能保证低温保存后细胞有较高的存活率。

封装细胞的水凝胶微胶囊,由于外层水凝胶壳是空间网状结构,且具有高度持水能力,在保证内部细胞处于氧气和营养物质供应充足和分泌的代谢产物及时排出的前提下,微胶囊有助于抑制细胞间的免疫排斥反应,所以水凝胶封装细胞在细胞治疗、组织工程、再生医学、生殖医学和细胞 3D 培养[1-4]等领域都有着广泛的应用[5-6]。这些还表明,水凝胶微胶囊封装细胞后形成的生物材料在糖尿病、血友病、癌症、肝炎、肾衰竭和心血管疾病等的治疗方面有着非常可观的应用前景[5-7]。随着封装保存细胞应用的不断扩展,器官移植中用户在第一时间获得配体细胞将成为可能[2-3,5,8]。它同时提供了一种功能强大的一体化扩增和保存细胞的方法[9]。

传统的低温保存方法可以分为两大类,即慢速冷冻(程序化控制或者被动控制降温速率)和玻璃化冷冻(在冷冻过程中无定形冰形成)[10-12]。其中,在慢速冷冻过程中,使用较低浓度(约 1.5 mol/L)的低温保护剂并将样品冻存在预设的降温速率或者降温速率被动可控的条件下。而在玻璃化冷冻过程中,则把样品放在高浓度(一般需要 6～8 mol/L)[10-12]渗透性低温保护剂中进行超快速的降温操作,使其转变为玻璃态。在过去的几十年中,学者们已经对传统的慢速冷冻和玻璃化封装保存方法进行了许多的开发和研究[2,13-16]。过去的研究表明，将慢速冷冻或者玻璃化封装保存方法用于直径相对较大(约 250 μm)的微胶囊时[2,13-14]，微胶囊的完整性会受到破坏，因为体积越大的微胶囊体积与表面积的比值就越大，在冷冻的过程中就更加容易形成冰晶。而且，传统的慢速冷冻需要使用商业化的可编程冷冻控制器或在低温冰箱中连续冷却几十分钟甚至几十小时[13,17]，当样品冷却到指定温度后还需要转移到液氮中进行长期保存。上述这些事实表明，传统的慢速冷冻和程序化降温方法是费时且复杂的方法。而细胞的玻璃化低温保存方法相比传统的方法就显得新颖且具有更高的安全性和可靠性[18]。这是因为玻璃化冷冻的细胞内外均不会形成冰晶(冰晶容易损伤细胞结构)，且细胞内外溶液的渗透压(细胞内外溶液渗透压不平衡容易对细胞造成渗透性损伤)也不会出现不平衡[2,10-11,19]。但是，传统的玻璃化冷冻方法需要使用高浓度(约 8 mol/L，高浓度的低温保护剂不仅会对细胞产生毒性，从而容易对细胞的新陈代谢和渗透性造成破坏[20]，而且还会损伤干细胞，造成干细胞分化的失控[21])渗透性低温保护剂或者进行超快速的降温操作(降温速率甚至需要高于10^6 ℃/min[22-24]，这在技术上难以实现，尤其对于大块样品)，而且在冷冻过程中需要抑制冰晶的形成，在复温过程中也需要抑制样品的反玻璃化(如果低温保护剂浓度不够高或者升温速率不够快，样品在复温过程中就很容易从玻璃态转变为冰晶态)[25]。这些缺陷使得传统的玻璃化低温保存方法的应用存在一定的局限性，尤其是对渗透压比较敏感的细胞，如干细胞、免疫细胞和卵细胞等。

将细胞封装在纳升级的小液滴中，可以在降低低温保护剂浓度的情况下实现玻璃化保存[24,26]。然而，如果小液滴直接和较冷的环境(液氮、空气或超低温冷面)接触[10-11,26-27]，则里面的细胞就容易被污染。最近的报道指出，水凝胶微胶囊能够在复温过程中抑制样品的反玻璃化，这样使用它就可以在较低浓度的低温保护剂下实现样品的玻璃化保存[24]，这标志着玻璃化低温保存技术在实际的细胞保存中的应用迈出了重要的一步。然而，大多数微胶囊玻璃化保存研究中的微胶囊直径都在 100～250 μm[24,28]。尽管较小体积的微胶囊高通量生成装置能满足快速处理大体积的细胞封装的要求，但考虑所生成核壳结构装置的稳定性和必要性[29-31]，本研究还是面向较大体积(直径＞500 μm)微胶囊进行研究。本研究中的大体积微胶囊可以实现对大体积(十几到几百毫升的样品)细胞悬浮液(在细胞治疗和移植中使用频繁)的快速封装。而使用体积较大(直径＞250 μm)的微胶囊慢速冷冻封装细胞存在一个很大的挑战，那就是冷冻过程中冰晶的形成会对微胶囊的完整性造成破坏[28,32]，如果低温保存过程中进行玻璃化或部分玻璃化使其内部不生成可见的冰晶，那么这个问题就可能不会存在。

此外，现有的关于细胞低温封装保存的研究大多数集中在微珠封装上[29-31,33]，但是利用核壳结构封装细胞在低温保存[24]、3D培养(使封装在核中的干细胞的自发分化最小化[4,29,33])和细胞移植方面都有着更好的应用。因此，在临床移植上使用具有核壳结构的微胶囊来进行细胞的玻璃化封装保存相比传统的细胞玻璃化保存具有更加广泛的应用前景。然而，目前封装细胞的玻璃化保存应用的前提条件是微胶囊直径＜250 μm，且低温保护剂浓度必须足够大，能使溶液在冷冻的过程中完全玻璃化[24]。

在本研究中，使用具有核壳结构的大体积(直径＞500 μm)微胶囊装载细胞，并使用超低浓度(约 2 mol/L 渗透性低温保护剂加 0.5 mol/L 非渗透性低温保护剂)的低温保护剂，直接投入液氮中进行冷冻，冷冻复苏后得到的细胞存活率较高(可代替完全玻璃化或者带有可见冰的部分玻璃化)。研究表明，水凝胶微胶囊在细胞的冷冻和复温过程中能够有效地抑制冰晶的形成和传播。因此，大体积的微胶囊在干细胞的治疗方面存在着潜在的应用。由于猪脂肪干细胞(pADSCs)封装在 3D 培养、冷冻保存、细胞移植和生物材料构建与治疗领域都有着极其重要的作用，因此，使用 pADSCs 研究证明冷冻封装的方法是可行的[34-36]。

3.2 实验材料与方法

3.2.1 水凝胶微胶囊的制备工艺

图 3-1 为生成具有核壳结构的能装载细胞的微胶囊，并将其用于玻璃化低温保存的装置示意图。此套装置共有 3 个入口(I1, I2, I3)，分别用于细胞悬浮液、水相的海藻酸钠溶液和最外层连续油相的注入。在内层和中间玻璃毛细管的出口处[图 3-1 中的插图(i)]，细胞悬浮液(核相)和水相海藻酸钠(壳相)在最外层油相的流动剪切力和表面张力的作用下形成分散的小液滴。之后，将生成的小液滴滴入 $CaCl_2$ 溶液中，利用外层的海藻酸钠和 $CaCl_2$ 溶液中的二价钙离子交联反应就可以得到水凝胶。

3.2.2 可控制核壳厚度微胶囊的生成

通过调整核相、中间壳相和最外层连续油相的流速可以很好地控制微胶囊的尺寸(外径)和壳的尺寸[图 3-1(B)]，它们随着最外层油相流速减小或者壳相流速的增加而增大。在保持另外两相流速恒定(核相流速和壳相流速分别为 10 μL/min 和 20 μL/min)的情况下，减小最外层油相流速可以增加微胶囊的外径(表 3-1)。其中，当油相流速为 600 μL/min，300 μL/min 和 150 μL/min 时，

第3章 封装有干细胞的水凝胶胶囊在冷冻过程中抑制冰晶形成和促进玻璃化研究

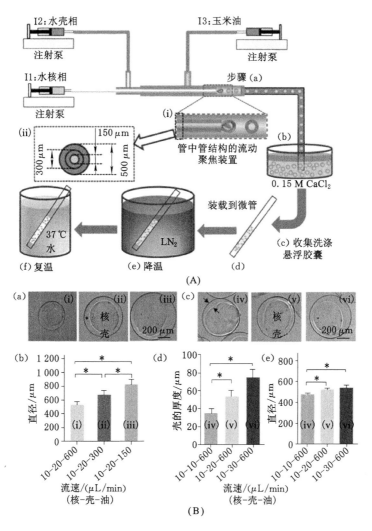

(A) 主要步骤示意图；(B) 核-壳微胶囊结构示意图。

图 3-1 壳核结构微胶囊生成和玻璃化保存装置示意图

对应的微胶囊外径依次为 525.3 μm，682.4 μm 和 832.8 μm。此外，保持其他两相流速不变（核相流速和油相流速分别为 10 μL/min 和 600 μL/min），增加中间壳相的流速可以增加微胶囊壳体的厚度。其中，当中间壳相的流速分别为 600 μL/min，300 μL/min 和 150 μL/min 时，对应的壳的厚度依次为 35.3 μm，53.5 μm 和 75.0 μm（对应微胶囊的直径依次为 480.3 μm，525.9 μm 和 545.1 μm）。最终，用于玻璃化低温保存研究的各项参数如下：三相流速依次为

10 μL/min-20 μL/min-600 μL/min（核-壳-油相）；生成微胶囊的直径为(525.9±8.6) μm(n=63)；壳的厚度为(53.5±6.6) μm(n=60)。

表 3-1　胶囊尺寸与外层和中层溶液流速对应关系

流速(核-壳-油)/(μL/min)	内径[平均值±标准差(n)]/μm	壳的厚度[平均值±标准差(n)]/μm
10-20-600&	525.3±51.4(84)	
10-20-300&	682.4±63.9(78)	
10-20-150&	832.8±64.4(70)	
10-10-600	480.3±6.0(89)	35.3±4.8(79)
10-20-600	525.9±8.6(63)	53.5±6.6(60)
10-30-600	545.1±10.1(64)	75.0±8.9(81)

材料与试剂：除了特别说明的材料外，其余的化学试剂都是从美国 Sigma 公司购买的。我们使用了四种低温保护剂配方：CPA 1#——1 mol/L 1,2-丙二醇（PROH），1 mol/L 乙二醇（EG），10%(w/v)葡聚糖 T50(约 0.002 mol/L)和 1 mol/L 海藻糖；CPA 2#——1 mol/L 1,2-丙二醇（PROH），1 mol/L 乙二醇（EG），10%(w/v)葡聚糖 T50 和 0.5 mol/L 海藻糖；CPA 3#——1 mol/L 1,2-丙二醇（PROH），1 mol/L 乙二醇（EG）和 1 mol/L 海藻糖；CPA 4#——1 mol/L 1,2-丙二醇（PROH），1 mol/L 乙二醇（EG），10%(w/v)葡聚糖 T50。这些不同配方的低温保护剂溶解在经过改良的含有 80%(v/v)胎牛血清和生长因子的培养基中。

细胞培养：pADSCs 从张远海教授的课题组获得。pADSCs 培养基含有 DME/F12（含有 10%胎牛血清），50 μg/mL 维生素 C（Sigma，USA），10 ng/mL 碱性成纤维细胞生长因子（bFGF，PeproTech，USA），以及 2 mmol/L GlutaMAXTM-100x(Life Technologies，USA)，培养箱是一个封闭腔体，其内部为 37 ℃恒温和 5%(v/v)恒 CO_2 浓度的湿润环境。每 3 天更换 1 次培养基直到细胞长满培养皿的 80%～90%为止，然后使用 PBS 冲洗细胞，用 0.25%(w/v)胰蛋白酶-EDTA（Sigma，USA）消化细胞 3 min，用离心机以 94g 的离心加速度离心 5 min。之后重新悬浮细胞，暂时存放在 4 ℃冰箱中等待下一步使用。

用毛细玻璃管制作管中管结构的微流控装置：用 3 个不同直径（150 μm，300 μm 和 500 μm）的毛细玻璃管来制作封装细胞的微流控装置。3 个毛细玻璃管同轴的相对位置用 AB 胶固定，最外层的毛细玻璃管粘在一个矩形（9 cm×5 cm×0.29 cm）的玻璃板上，以便于用显微镜观察细胞封装过程。

胶囊封装 pADSCs 的具体过程:注射器、支架、毛细玻璃管和其他配件都用 75%(v/v)酒精冲洗,使用前进一步用超净工作台(型号为 SW-CJ-1FD,苏州净化设备有限公司生产)中的紫外线灯进行灭菌 30 min。所有溶液都用 0.22 μm 孔径的过滤器进行过滤。核相溶液成分为 1%(w/v)海藻酸钠、1%(w/v)羧甲基纤维素钠溶液、0.5 mol/L 海藻糖和细胞混合的细胞悬浮液(进口 I1),中间相溶液为 2%(w/v)海藻酸钠溶液(进口 I2)。核相和壳相溶液中都溶解 0.25 mol/L 甘露醇,目的是保证壳相中为等渗的溶液,核相溶液为高渗溶液(为了细胞部分脱水,在低温保存过程中抑制胞内冰的形成)。用食品级玉米油作为最外层载体油(进口 I3)。溶液从进口 I1,I2 和 I3 通过可编程注射泵(南京安尔科电子科技有限公司生产)精确进样。在适当的流速比例组合情况下,可以稳定连续地生成微胶囊[图 3-1(A),步骤(a)]。微胶囊滴入 0.15 mol/L 水相 $CaCl_2$ 溶液中(用 10 mmol/L HEPES 调整溶液 pH 为 7.2)静置 20 min,壳相海藻酸铵层交联成海藻酸钙水凝胶[图 3-1(A),步骤(b)]。当微胶囊交联完毕沉入容器底部时,吸走多余的油,然后用水相的 0.9% NaCl 溶液冲开多余的油,再吸走多余的油,进而从溶液底部吸走微胶囊[图 3-1(A),步骤(c)]。收集的微胶囊放置在 4 ℃环境下留作进一步使用。

在微胶囊生成过程中,通过调整进口 I1,I2 和 I3 进溶液的速率来控制微胶囊的尺寸和壳的厚度。通过调整溶液的流速和细胞的密度来改变微胶囊的生成率和每个微胶囊封装细胞的数量。用 10 μL/min-20 μL/min-600 μL/min (核-壳-油)流速的溶液,去封装细胞得到微胶囊的外径和壳的厚度为 (525.9±8.6) μm 和 (53.5±6.6) μm,细胞密度为 $2.47×10^7$ 个/mL,封装细胞的效率为 500 个/s。

低温保存 pADSCs:本研究测试了四组低温保护剂(CPA 1#—CPA 4#)。为了减少低温保护剂对细胞的毒性且使足够的低温保护剂进入细胞,把未封装的细胞在低温保护剂 CPA 1#—CPA 4# 中孵育 10 min,随后把用微胶囊封装后的细胞用 2 mol/L 渗透性低温保护剂(1 mol/L PROH + 1 mol/L EG)孵育 30 min,接着再把微胶囊放到前面选用的低温保护剂 CPA 1#—CPA 4# 中继续孵育 10 min(为了让细胞在非渗透性低温保护剂、海藻糖或者葡聚糖 T50 条件下得以平衡),以上所有操作都在 4 ℃环境下进行。加完低温保护剂后,将细胞(封装的和未封装的)分别装入容积为 0.25 mL 的塑料管(FHK,Japan)中[图 3-1(A),步骤(d)],把装载微胶囊的塑料管插进液氮中然后保持 5 min 直到样品和液氮之间达到热平衡[图 3-1(A),步骤(e)]。随后,将样品迅速插入 37 ℃水浴快速复温。复温结束后,通过两步法迅速去除低温保护剂:去除低温保护剂的悬浮细胞(未封装组)或者微胶囊(封装组)在 0.5 mol/L 丙二醇和

0.5 mol/L 乙二醇中于室温下孵育 5 min，加入等体积的 DME/F12 再孵育 5 min。接着将细胞悬浮液（封装组，水凝胶微胶囊用 75 mmol/L 柠檬酸钠溶解，释放细胞）放在 Eppendorf 5424R 离心机（Eppendorf, Hamburg, Germany）中以 1 100 r/min 在 4 ℃环境下离心 5 min。去掉上清液，用 PBS 重悬细胞，为进一步功能检测作准备。

细胞活性检测实验：本研究中低温保存后的细胞通过吖啶橙/溴化乙锭（AO/EB）染色（Nanjing KeyGen Biotech. Co. Ltd. , China）来判断存活率。用等体积的 AO(0.5 g/mL) 和 EB(0.5 g/mL) 混合制作成银光染液。绿色银光标记活细胞（激发光：420～485 nm；散发光：约 515 nm），吖啶橙（AO）用来标记死细胞（激发光：460～550 nm；散发光：约 590 nm）。每 25 μL 细胞悬浮液加 1 μL 银光染液，室温下孵育 3 min，用倒置的荧光显微镜（10×光学物镜）观察，活细胞和死细胞分别被染成绿色和红色。细胞的银光照片用 CCD 相机（DS-Ri1, Nikon, Japan）拍摄，相片中活细胞和死细胞用软件 Image J（NIH, Bethesda, USA）计数。

评估细胞的贴壁效率和增殖：为了评估细胞的贴壁效率，将 pADSCs 用新鲜的培养基（DMEM/F12）加 10%胎牛血清在 12 孔板中培养 1 d，贴壁的细胞和不贴壁的细胞用 Muse™ 细胞分析仪计算细胞贴壁率。为了定量测量细胞的增殖，细胞被种植在 96 孔板中培养。培养 1 d、2 d、3 d 后，分别移出培养基，用 PBS 清洗两次，增殖率由第 2 天、第 3 天的细胞数量分别相对第 1 天的增加数量计算出来。接着按照制造商说明书向每个孔中定量加入 CCK-8 kit（Dojindo, Kumamoto, Japan）。

3.2.3 低温保存微胶囊封装的细胞

冷冻管和传统的塑料麦管（PS）已经广泛应用于慢速低温保存和玻璃化低温保存中，慢速低温保存一般用到的低温保护剂浓度为 1～2 mol/L，使用冷冻速率可控的冷冻容器（或者低温冰箱）[2,9,37]，用以实现慢速冷冻；或者装载高浓度（约 8 mol/L）渗透性低温保护剂和细胞，直接插入液氮中实现玻璃化保存[8,19,38]。因此，我们的研究工作用塑料麦管装载大体积的封装有干细胞的海藻酸钠微胶囊，在使用低浓度低温保护剂的情况下，插入液氮中进行快速冷冻。本研究使用了四种不同浓度的低温保护剂（CPA 1#—CPA 4#）进行对比实验（图 3-2）。

收集交联的水凝胶微胶囊，清洗并重新悬浮在低温保护剂（CPA）溶液中，把胶囊装入塑料麦管中，冷冻时把装有微胶囊的塑料毛细管迅速插入液氮中。5 min 后，当样品温度降低至液氮的温度（−196 ℃）且热平衡后，把塑料麦管转移到 37 ℃的水浴中，等待至样品完全融化，把样品从塑料麦管中取出，去除低温保护剂并进行下一步评估。

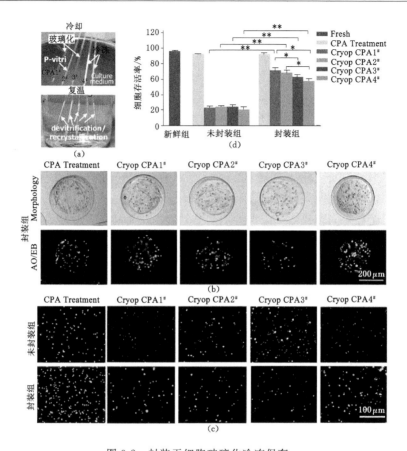

图 3-2　封装干细胞玻璃化冷冻保存

我们发现当把塑料麦管插入液氮中时，CPA 1# 和 CPA 3# 低温保护剂配方可以实现玻璃化(以前的研究[24,39-43]，对玻璃化的定义是大体积溶液冷冻时没有可见冰形成)，但是，单独的培养基[DME/F12 加 10%(v/v)FBS]在冷冻过程中会有可见的冰晶生成。另外，当把装有 CPA 2# 和 CPA 4# 低温保护剂配方的塑料麦管插入液氮中时，CPA 2# 配方的低温保护剂形成的冰晶要少于 CPA 4# 配方的低温保护剂或者单独培养基所形成的冰晶。因此，定义 CPA 2# 配方的低温保护剂溶液为部分玻璃化低温保护剂组(部分玻璃化，是指水溶液在冷冻过程中部分转变为冰晶，部分转化为玻璃态)。还通过在相同条件下冻结填充有 CPA 2# 配方的低温保护剂溶液，且用 10 根规格相同的塑料麦管进一步证实了部分玻璃化现象。此外，在复温时，四种配方的低温保护剂都发生了严重的反玻璃化(从透明态变为不透明态)或者重结晶(不透明程度加重)现象。

3.2.4 细胞活性检测

本研究采用业内通用的检测细胞死/活的染料（吖啶橙/溴化乙啶）对实验样本进行检测，没有进行低温保存（在 CPA solution 1# 浓度下封装）和分别用上述四种不同配方低温保护剂冷冻后得到的细胞染色后的结果如图 3-2(b)所示。图 3-2(c)为没有进行冷冻保存（在 CPA solution 1# 浓度下封装）和四种保护剂浓度下用微胶囊封装冷冻和未封装冷冻后细胞双染后的荧光图片，同时和新鲜对照组细胞的双染后荧光图片进行比较。发现 CPA 处理（只做 CPA 的添加和去除，而不进行封装和冷冻保存）以及 CPA 和细胞封装的组合处理都不会对细胞的存活率产生显著的影响（图 3-2 和表 3-2），封装能够大大提高细胞冷冻后的存活率（四种不同配方的低温保护剂封装后冷冻保存得到的细胞存活率依次为：24%到73%，25%到71%，25%到63%和21%到56%）。但是美国食品和药物管理局（FDA）[42]要求用于细胞治疗的产品存活率必须高于70%，所以只有 CPA 1#（玻璃化）和 CPA 2#（部分玻璃化）满足要求。

表 3-2 封装组和未封装组玻璃化保存后细胞存活率

组别	存活率[平均值±标准差(n)]/%	
	未封装组	封装组
Fresh(Control)	96.5±1.3(5)	
CPA Treatment	92.7±1.2(5)	94.0±1.1(4)
CPA 1#	23.7±4.6(5)	73.1±5.1(4)
CPA 2#	25.2±3.6(5)	70.9±5.0(10)
CPA 3#	25.0±4.6(5)	62.8±6.5(4)
CPA 4#	21.4±3.6(4)	55.8±4.6(7)

本研究有一个有趣的新发现：虽然在冷冻期间观察到了明显的（部分的）冰晶形成[图 3-2(a)，CPA 2#，部分玻璃化组]，但封装的细胞在冷冻保存后仍然具有较高的存活率（>70%），这很大可能是因为冰晶只在胶囊外边生成[44-48]。结果表明，水凝胶微胶囊能够有效地保护细胞，其原理跟卵细胞透明带在快速冷冻过程中对卵细胞的保护类似。此外，前人的研究还得出，水凝胶微胶囊能够在复温过程中有效地抑制反玻璃化和重结晶。也就是说，即使微胶囊外边的溶液出现了部分玻璃化，处于微胶囊核位置处的细胞悬浮液也可以成功地玻璃化。其原理与细胞膜在冷冻过程中阻止冰晶传到细胞内部，从而促进细胞内部溶液玻璃化类似[48]。

另一个非常有趣的现象是部分玻璃化组（用 CPA 2# 处理）比玻璃化组（用

CPA 3#处理)中细胞的存活率要略高,我们认为玻璃化组中葡聚糖 T50 在低温保存中起到了重要作用。CPA 2# 和 CPA 3# 的主要区别在于 CPA 2# 用 10%(w/v)葡聚糖 T50 替代了 CPA 3# 中的 0.5 mol/L 海藻糖。通过比较 CPA 1# 和 CPA 3# 在封装冷冻保存复温后细胞存活率的结果,进一步证实了葡聚糖可以增强玻璃化后细胞存活的能力。10%(w/v)葡聚糖 T50 显著提高了封装组(CPA 1# 和 CPA 3#)冷冻保存后的细胞存活率,两组的微胶囊在冷冻复温过程中都经历了玻璃化和反玻璃化。上述原因也能解释第二组(CPA 2#)和第三组(CPA 3#)不同保护剂浓度情况下冷冻保存复温后的不同细胞存活率。这也可以用于解释 CPA 2# 和 CPA 3# 之间实验结果的不同。虽然在微胶囊的外部会有冰晶生成,但是由于水凝胶微胶囊能够抑制冰晶的形成,CPA 2# 组中的微胶囊内部可能不会形成冰晶。第二组(CPA 2#)与第三组(CPA 3#)低温保护剂在浓度和种类方面相比,第二组比第三组多 10%(w/v)葡聚糖,但第三组比第二组多 0.5 mol/L 海藻糖。值得注意的是,10%(w/v)葡聚糖比 0.5 mol/L 海藻糖在增强细胞封装中的玻璃化上所体现出的优越性不是非常明显,因为 CPA 2# 和 CPA 3# 的细胞在玻璃化之后的存活率差异不显著。因此,CPA 1#(完全玻璃化)和 CPA 2#(部分玻璃化)所得到的细胞存活率相差不大也得到了解释。换句话说,虽然 CPA 2# 微胶囊的外边溶液出现了部分玻璃化,但是微胶囊内部的细胞悬浮液玻璃化程度和 CPA 1# 相似。此外,还应该指出,只有和海藻糖结合,葡聚糖 T50 才能增强细胞的存活率,如果没有海藻糖,仅仅只有 10%(w/v)葡聚糖 T50 则不能在封装中为细胞提供良好的保护(存活率:56%,CPA 4#)[图 3-2(d)]。

具体来说,在冷冻期间使用足够令悬浮液玻璃化的较高浓度 CPA(CPA 1# 和 CPA 3#),虽然在复温期间微胶囊外部有大量的冰晶形成,但是水凝胶壳可以防止其内部的细胞悬浮液出现再结晶和反玻璃化。而对于使用较低浓度 CPA 的细胞悬浮液(CPA 2#),其在冷冻过程中微胶囊外部只能实现部分玻璃化,这样尽管在其外部可能会形成大量的体积较大的冰晶,但在复温过程中微胶囊仍然可以防止其内部出现再结晶和反玻璃化。在低温保护剂浓度太低(CPA 4#)不能使悬浮液发生玻璃化或者部分玻璃化的情况下,微胶囊的内部在冷却过程中会形成大量的冰晶[图 3-2(d)]。另外,在复温过程中极有可能出现再结晶现象,从而导致微胶囊内部细胞严重损伤。

3.2.5 细胞贴壁和增殖

pADSCs 的免疫组化结果:pADSCs 被种植在玻璃盖玻片上,同时把盖玻片放置在由 6 个槽组成的盘子里孵育一整夜。细胞贴在盖玻片上后,用 PBS 清洗 3 次,往盖玻片上滴入免疫染色固定液(Beyotime,Haimen,China)0.5 mL 室温下保持 15 min。固定的细胞用 PBS 清洗 3 次,固定后的细胞和免疫抑制阻滞缓冲液(Beyotime,Haimen,China)混合孵育 1 h,为了阻止潜在的非特异性绑定,接着把样品和单克隆鼠性抗人抗体 CD44(一抗按 1∶10 稀释,具体步骤按照厂家的说明)(Proteintech,Wuhan,China)在 4 ℃环境下孵育过夜,净化鼠性抗猪抗体 CD29(BD Pharmingen,USA)或鼠性抗人抗体 CD31(BD Pharmingen,USA)。接着,将样品在 37 ℃环境下孵育恢复 30 min,用 PBS 清洗 3 次。用二抗(Antibody Alexa Fluor 488,Thermo Fisher Scientific,USA)在黑暗的环境下孵育 1 h。用 PBS 清洗样品 3 次,然后用 DAPI(Beyotime,Haimen,China)在室温下染色 10 min,向样品中添加抗荧光猝灭剂,用倒置荧光显微镜拍照(Nikon Eclipse Ti-U,Tokyo,Japan)。

在完全玻璃化组(CPA 1#)或者部分玻璃化组(CPA 2#)中,细胞在低温保存并复温后仍然具有较高的存活率。接下来进一步对这两组作细胞长期的存活率和功能特性的评估。利用细胞贴壁和增殖能力来评估长期存活率。实验结果表明,第一组(CPA 1#)和第二组(CPA 2#)在低温玻璃化冷冻复温后培养 3 d,与新鲜组细胞培养 3 d 的形态类似(图 3-3)。另外,CPA 1#[图 3-3(b)]和 CPA 2#[图 3-3(c)]组中的细胞增殖能力和新鲜组、低温保护剂组以及冷冻保存组相比无显著差异。通过活/死染色法[图 3-2(b)]来判断低温保存后细胞的损失,发现低温保存后细胞的贴壁率要略低于新鲜组的细胞[图 3-3(d)、(e)]。

3.2.6　细胞功能性检测

基因表面蛋白标记表达的评估:用流式细胞仪定量测量表面标记物 CD44(+),CD29(+),CD90(+)和 CD31(-)表达量。当 pADSCs 培养长到 90%时,用胰蛋白酶/EDTA 消化下来,然后用 PBS 溶液清洗 3 次,在 4 ℃条件下和一抗[CD44-FITC(Invitrogen,USA),CD31-FITC(Abcam,USA),CD29-FITC(BD Pharmingen,USA)和 CD90-FITC(BD Pharmingen,USA)]孵育 1 h。用 PBS 溶液清洗 3 次,然后用流动细胞计算器(BD FACSVerse,NJ,USA)结合 FACS suite 软件对样品作进一步分析。

基因标记物表达评估:定量实时聚合酶链反应(qRT-PCR)分析用来定量测量 4 种干细胞的多种基因标记物的表达量:Oct4,Sox2,Klf4 和 Nanog。在 60 mL 培养皿中培养 4~5 d,细胞用胰蛋白酶/EDTA 消化下来,然后用 PBS 溶液洗涤 3 次。RNA 整体表达用试剂盒(Invitrogen,Carlsbad,CA)处理,接着用脱氧核糖核酸(Ambion,Houston,TX,USA)处理,然后再用 iScript cDNA Synthesis Kit(Bio-rad,Hercules,CA)反转录处理。所有样品用 18 S rRNA 作标准化处理。成倍标记 mRNA 表达通过循环临界值公式计算,$\Delta Ct = Ct_{target} - Ct_{18S}$,

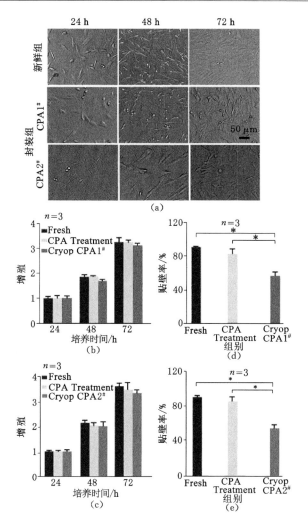

(a) 对比实验结果；(b)(c) 增殖；(d)(e) 贴壁率。

图 3-3 实验结果

$\Delta(\Delta Ct) = \Delta Ct_{Control} - \Delta Ct_{Indicated\ condition}$。

诱导分化的评估：pADSCs 潜在的多向分化能力通过成脂肪和成骨分化来检测。细胞被种植到 12 孔培养板上,培养基隔一天换一次直到细胞长到 80%～90%。脂肪分化中间物（Thermo Scientific,USA）培养 14 d（或者 21 d）且每 3 天换一次培养基。分化的细胞用 PBS 清洗和用 4% 多聚甲醛固定。固定的细胞用 PBS 清洗后用油红（Sigma,USA）染色 60 min,然后再用茜素红（Sigma,USA）染色 10 min。染完色的细胞用 PBS 清洗 3 次作进一步检测,再用倒置显微镜(Nikon Eclipse Ti-U,Nikon,Japan)拍照。

使用 CPA 1#和 CPA 2#对细胞进行冷冻保存后对细胞功能产生的影响如图 3-4 所示。用免疫染色来评估基因编码的蛋白 CD44、CD29 和 CD31 的表达情况。对于 MSC,CD44 和 CD29 是一般的表面糖蛋白/受体,而 CD31 是不表达的受体。如图 3-4(a)所示,利用 CPA 1#或 CPA 2#冷冻封装保存 pADSCs 后,干细胞中三种受体的表达受到的影响很小。另外,通过流式细胞仪对冷冻后的细胞内四种基因编码的蛋白表达量(CD44、CD29、CD31 和 CD90)(pADSCs 还有其他表达蛋白)[49]进行测量后发现,其与对照组十分接近,而且所有组的 CD31 表达都比较低。四种典型干细胞基因(Nanog、Klf4、Sox2 和 Oct4)的相对表达取决于定量的实时聚合酶链反应(qRT-PCR),如图 3-4(c)所示,用 CPA 1#和 CPA 2#封装冷冻保存的细胞的四种典型基因表达与新鲜细胞对比在统计学上没有显著差异($P>0.05$)。进一步检测表明,冷冻后的干细胞仍保持多项分化的能力。诱导分化成脂肪和成骨实验结果表明,冷冻组和新鲜组分化能力无明显差别[图 3-4(d)]。对于三组细胞,用油红(ORO)来染脂肪滴,用茜素红 S(ARS)来染成骨细胞,发现三组实验的结果相似[图 3-4(d)]。因此,pADSCs 在使用 CPA 1#和 CPA 2#封装冷冻保存后,仍然具有多项分化能力。

3.3 结果与讨论

本研究成功地用大体积的水凝胶微胶囊封装 pADSCs 悬浮液实现玻璃化保存,尤其在约 2 mol/L 渗透性低温保护剂和 0.5 mol/L 非渗透性低温保护剂条件下,低温保存复苏后细胞存活率达 72%,达到美国 FDA 规定的用于细胞治疗存活率大于 70%的要求。我们用到的低温保护剂浓度比以往文献中用到的低温保护剂浓度的一半还低,实现了大体积(直径是以往文献中微胶囊的 2 倍,实际封装细胞的体积是以往文献中用水凝胶微胶囊封装细胞体积的 8 倍[23,30,46])水凝胶微胶囊外溶液部分玻璃化。值得注意的是,使用低浓度的低温保护剂封装大体积的细胞来实现细胞的玻璃化冷冻保存是未来的发展方向[50-52]。这项技术还存在着许多挑战,如使用低浓度低温保护剂保存时需要超快的降温和复温速率[53],而且细胞的体积必须足够小才能确保在一定的降温和复温速率下实现溶液的玻璃化。传统的玻璃化保存需要非常高的渗透性低温保护剂浓度[23],这就极大可能会对细胞的代谢和渗透性造成损伤,因此我们提出了一个损害较低的大体积细胞悬浮液玻璃化保存的理想方法。为了将保护剂对细胞的毒性降到最低,我们使用了低浓度的渗透性低温保护剂并且水凝胶微胶囊来抑制冰晶的形成和生长,从而使得细胞悬浮液玻璃化,以减少冰晶对细胞

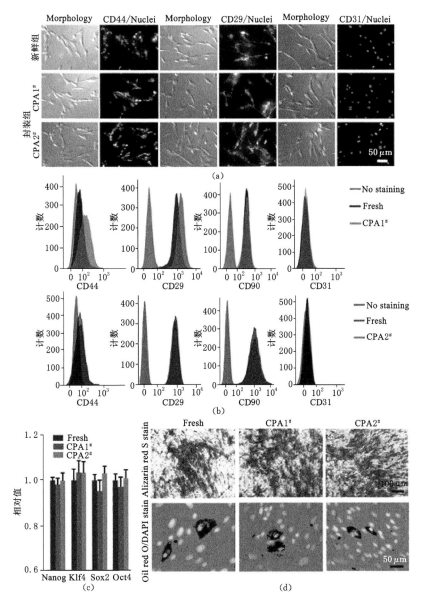

(a) CD44(＋)、CD29(＋)和 CD31(－)的免疫染色显示细胞上三种受体的表达；
(b) 流式细胞术定量细胞上四种受体 CD44(＋)、CD29(＋)、CD90(＋)和 CD31(－)的表达；
(c) 定量 RT-PCR 分析显示细胞中四种干细胞基因的相对表达；
(d) 细胞脂肪形成(脂滴的油红染色)和成骨(钙化沉积的茜素红 S 染色)定性评估。

图 3-4　大容量水凝胶封装玻璃化冷冻保存前后的 pADSCs 的干性和功能表达

造成的损伤。

需要注意的是,通过大体积细胞悬浮液中是否形成肉眼可见的冰晶来判断溶液是否玻璃化是比较粗略的[54]。但是,目前很难实现水相溶液的真正玻璃化,目前研究结晶的仪器都只适合在室温下使用而不适合在低温环境下使用,这就导致现有的设备在应用上存在一定的局限性,通过它们很难准确判断溶液是否完全玻璃化。差示扫描量热法(DSC)可以用来研究不含细胞的水相溶液的玻璃化[55-57],但如果溶液中的冰晶少于0.2%,仪器是检测不出来的。

因此,低温生物医学领域的细胞玻璃化通常不是指细胞外溶液的真正玻璃化,并且很少有关于细胞玻璃化的研究证实了细胞外溶液的真正玻璃化。目前,溶液中是否有可见冰晶形成是用来判断是否玻璃化的最常用标准[58]。此外,几乎所有预测玻璃化的模型都是理想型的,一般将冰晶的体积比和某个标准的百分比进行比较来判断溶液是否玻璃化[58]。在本研究中,采用和大多数文献类似的评估方法来判断溶液是否玻璃化,即是否有可见冰晶形成(更准确地说是是否有明显可见的玻璃化),部分玻璃化则是有少量可见冰晶形成。还需要注意的是,玻璃化保存细胞和慢速冻存细胞之间最主要的区别在于,慢速冻存有冰晶形成,而玻璃化保存无冰晶形成。

本研究中的比例放大微流控装置是未来研究开发中的一个重要课题。实际上,单个微流体单元或者微流体通道有一个十分重要的不足就是它们产生乳化液的效率较低,这也成为微流控技术在工商业中大规模应用的主要障碍[59]。不过可以通过并行摆放大量的细胞封装单元或者将所有通道汇集到一个芯片中来解决这个问题[60-62]。M. K. Mulligan等成功地开发出了一个含有6个并行流动聚焦单元的微流控芯片,其每小时可以处理上百毫升的样品[60]。可以通过并行大量微流控单元来使处理乳化液滴的效率大大提高,同时,基于玻璃管的微流控装置比基于微通道的高通量微流控装置更加简单[63-64],所以本课题研究的基于玻璃管的同比例放大微流控封装装置在技术上是可行的。也就是说,本课题研发的自动化封装干细胞后的冷冻保存方法(冷却与复温除外)在技术上是可行的,而且这种方法能够简单快速地增加胶囊的生产效率。虽然直接把胶囊喷入液氮中或者利用一个平面进行预冷可以大大增加降温速率,并且更容易集成到一个复杂的系统中,但是我们更倾向于把细胞装到传统的塑料麦管中,然后把塑料管投入液氮中冷却。这是因为如果把胶囊直接投入未消毒的液氮中或者一个开放的平台上,微胶囊有很大的可能性被细菌污染[65]。最终,我们一次用多束常用的塑料麦管来封装有几百毫升的细胞悬浮液的微胶囊进行冷冻和复温。因此,本研究中所用的方法是可行的。

低温保存干细胞(生物材料系统)在临床应用中是十分重要的,目前世界上针对 pADSCs 的低温保存研究非常少,所以,在本研究中我们使用 pADSCs 来验证低温保存干细胞的可能性。值得注意的是,在本研究中我们计划低温保存的是随时可用且包含细胞的具有一定结构的生物材料而不是单个细胞,因为低温保存封装细胞的微胶囊在临床移植上非常具有应用价值。鉴于大部分用于封装细胞的胶囊直径范围在 $100\sim500~\mu m^{[66]}$,而且需要低温保存的大体积微胶囊又被迫切需要,所以在本研究中我们选择了直径为 $500~\mu m$ 的微胶囊作为研究对象。另外,将装载细胞的具有壳核结构的微胶囊(直径约为 $500~\mu m$)置于很低浓度(仅 2 mol/L 渗透性低温保护剂加 0.5 mol/L 非渗透性低温保护剂)的低温保护剂下成功实现低温保存。

本研究利用毛细玻璃管制作成的微流控装置封装一个具有核壳结构的水凝胶胶囊,以更好地实现对干细胞的玻璃化封装低温保存,并且使用超低浓度(2 mol/L)的低温保护剂来减少冷冻和复温过程中产生的冰晶对干细胞的损伤,为低温保存细胞和具有细胞生物结构的材料提供了一种低毒性、高存活率和经济实用的方法。同时,这也证明了水凝胶微胶囊在冷冻和复温过程中能有效抑制冰晶的形成和传播,从而成功地实现了在超低浓度低温保护剂中对封装细胞进行部分玻璃化保存。这揭示了微胶囊的膜可以作为一种人造的阻断剂,其可以有效阻止微胶囊外的冰晶传播到微胶囊的核内。因此,封装是在低温保存过程中形成了"细胞包含细胞"的结构,为细胞提供了双重保护。

该技术可能会在细胞治疗、细胞移植、人类生殖、组织工程和再生医学方面有着重要的应用,因为在这些领域细胞的低温保存是不可或缺的。本研究的微流控装置和 PDMS 微流控通道可以长期重复利用。此外,该装置存在同比例放大且简单化集成到自动化的高通量系统中用于生成液滴的可能性。因此,利用超低浓度的低温保护剂玻璃化保存大体积干细胞悬浮液的处理方法,对于临床和实际应用具有重要意义。

参 考 文 献

[1] WILSON J L, MCDEVITT T C. Stem cell microencapsulation for phenotypic control, bioprocessing, and transplantation[J]. Biotechnology and bioengineering, 2013,110(3):667-682.

[2] MURUA A, ORIVE G, HERNÁNDEZ R M, et al. Cryopreservation based on freezing protocols for the long-term storage of microencapsulated myoblasts[J]. Biomaterials, 2009,30(20):3495-3501.

[3] BHAKTA G, LEE K H, MAGALHÃES R, et al. Cryoreservation of

alginate-fibrin beads involving bone marrow derived mesenchymal stromal cells by vitrification[J]. Biomaterials,2009,30(3):336-343.

[4] AGARWAL P,CHOI J K,HUANG H S,et al. A biomimetic core-shell platform for miniaturized 3D cell and tissue engineering[J]. Particle & particle systems characterization,2015,32(8):809-816.

[5] ZHANG W J, HE XM. Microencapsulating and banking living cells for cell-based medicine[J]. Journal of healthcare engineering, 2011, 2(4): 427-446.

[6] ORIVE G, HERNÁNDEZ R M, GASCÓN A R, et al. Development and optimisation of alginate-PMCG-alginate microcapsules for cell immobilisation [J]. International journal of pharmaceutics,2003,259(1-2):57-68.

[7] VEGAS A J, VEISEH O, DOLOFF J C, et al. Combinatorial hydrogel library enables identification of materials that mitigate the foreign body response in primates[J]. Nature biotechnology,2016,34(3):345-352.

[8] AHMAD H F, SAMBANIS A. Cryopreservation effects on recombinant myoblasts encapsulated in adhesive alginate hydrogels[J]. Acta biomaterialia, 2013,9(6):6814-6822.

[9] SERRA M, CORREIA C, MALPIQUE R, et al. Microencapsulation technology:a powerful tool for integrating expansion and cryopreservation of human embryonic stem cells[J]. Plos one,2011,6(8):e23212.

[10] TASOGLU S,GURKAN U A,WANG S Q,et al. Manipulating biological agents and cells in micro-scale volumes for applications in medicine[J]. Chemical society reviews,2013,42(13):5788-5808.

[11] DEMIRCI U, MONTESANO G. Single cell epitaxy by acoustic picolitre droplets[J]. Lab on a chip,2007,7(9):1139-1145.

[12] DOU R, SAUNDERS R E, MOHAMET L, et al. High throughput cryopreservation of cells by rapid freezing of sub-μL drops using inkjet printing:cryoprinting[J]. Lab on a chip,2015,15(17):3503-3513.

[13] CANAPLE L, NURDIN N, ANGELOVA N, et al. Maintenance of primary murine hepatocyte functions in multicomponent polymer capsules:in vitro cryopreservation studies[J]. Journal of hepatology,2001,34(1):11-18.

[14] HENG B C,YU Y J H,NG S C. Slow-cooling protocols for microcapsule cryopreservation[J]. Journal of microencapsulation,2004,21(4):455-467.

[15] HENG B C, YU H, CHYE N S. Strategies for the cryopreservation of

microencapsulated cells[J]. Biotechnology and bioengineering, 2004, 85(2):202-213.

[16] STENSVAAG V, FURMANEK T, LØNNING K, et al. Cryopreservation of alginate-encapsulated recombinant cells for antiangiogenic therapy[J]. Cell transplantation, 2004, 13(1):35-44.

[17] ZHOU D, VACEK I, SUN A M. Cryopreservation of microencapsulated porcine pancreatic islets[J]. Transplantation, 1997, 64(8):1112-1116.

[18] NAIK B R, RAO B S, VAGDEVI R, et al. Conventional slow freezing, vitrification and open pulled straw(OPS) vitrification of rabbit embryos [J]. Animal reproduction science, 2005, 86(3-4):329-338.

[19] WANG J Y, ZHAO G, ZHANG Z L, et al. Magnetic induction heating of superparamagnetic nanoparticles during rewarming augments the recovery of hUCM-MSCs cryopreserved by vitrification[J]. Acta biomaterialia, 2016, 33:264-274.

[20] MAZUR P. Kinetics of water loss from cells at subzero temperatures and the likelihood of intracellular freezing[J]. Journal of general physiology, 1963, 47(2):347-369.

[21] JI L, DE PABLO J J, PALECEK S P. Cryopreservation of adherent human embryonic stem cells[J]. Biotechnology and bioengineering, 2004, 88(3): 299-312.

[22] FAHY G M, WOWK B, WU J, et al. Improved vitrification solutions based on the predictability of vitrification solution toxicity[J]. Cryobiology, 2004, 48(1):22-35.

[23] ZHAO G, TAKAMATSU H, HE X M. The effect of solution nonideality on modeling transmembrane water transport and diffusion-limited intracellular ice formation during cryopreservation[J]. Journal of applied physics, 2014, 115(14):144701.

[24] HUANG H S, CHOI J K, RAO W, et al. Alginate hydrogel microencapsulation inhibits devitrification and enables large-volume low-CPA cell vitrification[J]. Advanced functional materials, 2015, 25(44):6939-6850.

[25] CHOI J K, YUE T, HUANG H S, et al. The crucial role of zona pellucida in cryopreservation of oocytes by vitrification[J]. Cryobiology, 2015, 71(2):350-355.

[26] EL ASSAL R, GUVEN S, GURKAN U A, et al. Bio-inspired cryo-ink

preserves red blood cell phenotype and function during nanoliter vitrification [J]. Advanced materials,2014,26(33):5815-5822.

[27] ZHANG X H,KHIMJI I,SHAO L,et al. Nanoliter droplet vitrification for oocyte cryopreservation[J]. Nanomedicine,2012,7(4):553-564.

[28] ZHANG W J,YANG G E,ZHANG A L,et al. Preferential vitrification of water in small alginate microcapsules significantly augments cell cryopreservation by vitrification[J]. Biomedical microdevices,2010,12(1):89-96.

[29] ZHANG W J,ZHAO S T,RAO W,et al. A novel core-shell microcapsule for encapsulation and 3D culture of embryonic stem cells[J]. Journal of materials chemistry B,2013,1(7):1002-1009.

[30] MA M L,CHIU A,SAHAY G,et al. Cell delivery: core-shell hydrogel microcapsules for improved islets encapsulation[J]. Advanced healthcare materials,2013,2(5):768.

[31] KIM C,CHUNG S,KIM Y E,et al. Generation of core-shell microcapsules with three-dimensional focusing device for efficient formation of cell spheroid[J]. Lab on a chip,2011,11(2):246-252.

[32] WU Y N, YU H, CHANG S, et al. Vitreous cryopreservation of cell-biomaterial constructs involving encapsulated hepatocytes [J]. Tissue engineering,2007,13(3):649-658.

[33] AGARWAL P,ZHAO S T,BIELECKI P,et al. One-step microfluidic generation of pre-hatching embryo-like core-shell microcapsules for miniaturized 3D culture of pluripotent stem cells[J]. Lab on a chip,2013, 13(23):4525-4533.

[34] SWIOKLO S,CONSTANTINESCU A,CONNON C J. Alginate-encapsulation for the improved hypothermic preservation of human adipose-derived stem cells[J]. Stem cells translational medicine,2016,5(3):339-349.

[35] CHAN S S,KYBA M. What is a master regulator?[J]. Stem cell research & therapy,2013,3(2): 783-789.

[36] RUBIN J P, DEFAIL A, RAJENDRAN N, et al. Encapsulation of adipogenic factors to promote differentiation of adipose-derived stem cells [J]. Journal of drug targeting,2009,17(3):207-215.

[37] CHEN W Y,SHU Z Q,GAO D Y,et al. Sensing and sensibility: single-islet-based quality control assay of cryopreserved pancreatic islets with functionalized hydrogel microcapsules[J]. Advanced healthcare materials,

[38] ZHENG Y Y, ZHAO G, PANHWAR F, et al. Vitreous cryopreservation of human umbilical vein endothelial cells with low concentration of cryoprotective agents for vascular tissue engineering[J]. Tissue engineering part C:methods, 2016, 22(10):964-973.

[39] FAHY G M, WOWK B, PAGOTAN R, et al. Physical and biological aspects of renal vitrification[J]. Organogenesis, 2009, 5(3):167-175.

[40] WOWK B, LEITL E, RASCH C M, et al. Vitrification enhancement by synthetic ice blocking agents[J]. Cryobiology, 2000, 40(3):228-236.

[41] FAHY G M. Vitrification of multicellular systems and whole organs[J]. Cryobiology, 1987, 24(6):580-581.

[42] FAHY G M. Vitrification: a new approach to organ cryopreservation[J]. Progress in clinical and biological research, 1986, 224:305-335.

[43] FAHY G M. Prospects for vitrification of whole organs[J]. Cryobiology, 1981, 18(6):617.

[44] ZHAO G, FU J P. Microfluidics for cryopreservation[J]. Biotechnology advances, 2017, 35(2):323-336.

[45] KARLSSON J O, CRAVALHO E G, BOREL R I H, et al. Nucleation and growth of ice crystals inside cultured hepatocytes during freezing in the presence of dimethyl sulfoxide[J]. Biophysical journal, 1993, 65(6):2524-2536.

[46] MAZUR P, RALL W F, LEIBO S P. Kinetics of water loss and the likelihood of intracellular freezing in mouse ova[J]. Cell biophysics, 1984, 6(3):197-213.

[47] MAZUR P, LEIBO S P, CHU E H Y. A two-factor hypothesis of freezing injury: Evidence from Chinese hamster tissue-culture cells[J]. Experimental cell research, 1972, 71(2):345-355.

[48] KARLSSON J O M, CRAVALHO E G, TONER M. A model of diffusion-limited ice growth inside biological cells during freezing[J]. Journal of applied physics, 1994, 75(9):4442-4455.

[49] BOURIN P, BUNNELL B A, CASTEILLA L, et al. Stromal cells from the adipose tissue-derived stromal vascular fraction and culture expanded adipose tissue-derived stromal/stem cells: a joint statement of the International Federation for Adipose Therapeutics and Science (IFATS) and

the International Society for Cellular Therapy(ISCT)[J]. Cytotherapy, 2013,15(6):641-648.

[50] ZHAO S T, AGARWAL P, RAO W, et al. Coaxial electrospray of liquid core-hydrogel shell microcapsules for encapsulation and miniaturized 3D culture of pluripotent stem cells[J]. Integrative biology, 2014, 6(9): 874-884.

[51] FAHY G M, WOWK B. Principles of cryopreservation by vitrification[J]. Methods in molecular biology, 2015, 1257:21-82.

[52] FAHY G M, WOWK B, WU J, et al. Cryopreservation of organs by vitrification: perspectives and recent advances[J]. Cryobiology, 2004, 48(2):157-178.

[53] ZHAO G, XU Y, DING W P, et al. Numerical simulation of water transport and intracellular ice formation for freezing of endothelial cells [J]. Cryo letters, 2013, 34(1):40-51.

[54] WOWK B. WITHDRAWN: Thermodynamic aspects of vitrification[J]. Cryobiology, 2009.

[55] MATSUMURA K, BAE J Y, KIM H H, et al. Effective vitrification of human induced pluripotent stem cells using carboxylated ε-poly-l-lysine [J]. Cryobiology, 2011, 63(2):76-83.

[56] SHAW J M, KULESHOVA L L, MACFARLANE D R, et al. Vitrification properties of solutions of ethylene glycol in saline containing PVP, ficoll, or dextran[J]. Cryobiology, 1997, 35(3):219-229.

[57] FAHY G M, SAUR J, WILLIAMS R J. Physical problems with the vitrification of large biological systems[J]. Cryobiology, 1990, 27(5): 492-510.

[58] SHI M, LING K, YONG K W, et al. High-throughput non-contact vitrification of cell-laden droplets based on cell printing[J]. Scientific reports, 2015, 5:17928.

[59] HA H, JEONG S H. Facile route to multi-walled carbon nanotubes under ambient conditions[J]. Korean journal of chemical engineering, 2016, 33(2):401-404.

[60] MULLIGAN M K, ROTHSTEIN J P. Scale-up and control of droplet production in coupled microfluidic flow-focusing geometries [J]. Microfluidics and nanofluidics, 2012, 13(1):65-73.

[61] KORCZYK P M, DOLEGA M E, JAKIELA S, et al. Scaling up the throughput of synthesis and extraction in droplet microfluidic reactors[J]. Journal of flow chemistry, 2015, 5(2): 110-118.

[62] TENDULKAR S, MIRMALEK-SANI S H, CHILDERS C, et al. A three-dimensional microfluidic approach to scaling up microencapsulation of cells[J]. Biomedical microdevices, 2012, 14(3): 461-469.

[63] SHANG L R, CHENG Y, WANG J, et al. Double emulsions from a capillary array injection microfluidic device[J]. Lab on a chip, 2014, 14(18): 3489.

[64] WANG W, XIE R, JU X J, et al. Controllable microfluidic production of multicomponent multiple emulsions[J]. Lab on a chip, 2011, 11(9): 1587.

[65] MIRABET V, ALVAREZ M, SOLVES P, et al. Use of liquid nitrogen during storage in a cell and tissue bank: contamination risk and effect on the detectability of potential viral contaminants[J]. Cryobiology, 2012, 64(2): 121-123.

[66] ZHANG W, ZHAO S, HE X. Proliferation and differentiation of mesenchymal stem cells encapsulated in miniaturized 3D core of alginate-chitosan-alginate(ACA) microcapsules[J]. Current stem cell research & therapy, 2015, 2(1): 1004.

第 4 章 水-水-水模板化制备微胶囊工艺研究

4.1 引　　言

　　传统微液滴是通过油相和水相或者水相和油相两相剪切形成的,常常用有机溶剂来替代油相,这种方法利用两相界面间较大的剪切力,连续相把分散相剪切开生成微液滴,有的微液滴通过特殊的固化法生成具有实心或液体核的胶囊[1-6]。经过专门设计所生成的不同成分和不同结构的微粒或者微胶囊,在生物学和生物医学领域存在着广泛的应用,例如,细胞低温保存[7-9]、细胞的 3D 培养[10-12]、医疗诊断成像[13-14]。在上述应用中,装载有细胞或者生物材料的乳化液滴滴入 $CaCl_2$ 溶液中形成水凝胶胶囊,通过对乳化液滴尺寸和结构的精确设计和控制来实现微粒或者胶囊的不同特性和功能的表达[15-17]。尽管这种方法在许多领域的应用都取得了巨大的成功[18-20],但是用油或者有机溶剂做外层乳化形成液滴往往会对其包裹的生物样品的活性产生影响[21]。例如,用油包水的方式封装蛋白质和脂肪时,这些生物材料在油相和水相的交界面接触时容易被氧化[22]或者因受到剪切力而发生不可控的结构性变化[23]。此外,水凝胶中残留的有机溶液也容易对生物材料造成损伤[24]。

　　自然界存在这样一类水溶性物质,当它们的浓度超过一定范围时,两种水溶性溶液互不相溶,当两种溶液混合时可以自动分离形成分界面。人们利用这种性质制成生物相容性较好的水-水乳化剂[25]。水-水乳化剂相比油-水或者水-油乳化剂能更好地保护生物分子的活性和细胞的增殖分化能力。如水-水系统已经广泛作为生物相容性媒介应用于生物大分子[26-27]和细胞的分离[28-30]。水-水-水乳化液滴是在三相溶液中两两互不相溶条件下形成的。例如,葡聚糖和聚乙二醇,当两种物质的水溶液浓度高于两相分离的临界浓度时就能互不相溶。作为一种具有生物相容性的溶液配方,水-水乳化液与相应的水和油构成的组合能有效地保护细胞和生物分子的活性[29,31-32]。通过水-水-水相液滴系统生成生物工程中常用的细胞外基质和多孔的支架[32],这有利于细胞外营养物质的渗透和细胞相容性的增强。实验结果表明,运用全水系统乳化液生成液滴使水凝胶在一个相对温和的环境下交联[33],这更适合于封装和传输具有生物活性的材料[34-35],如细胞[30]、蛋白质、脂肪和DNA。

虽然全水乳化剂生成具有较好的生物相容性是水凝胶方法的优点,但是其生成过程缺乏对尺寸和结构的控制,这就使这种水-水乳化剂的大规模应用产生了障碍[36-37]。传统的乳化技术,如超声搅拌和均质乳化等常常不能生成尺寸范围集中的液滴,液滴的结构也不能得到精确控制,所以固化这些乳化剂后得到的微粒也不能得到预期的尺寸[36],而且这些方法对乳化剂的成分和混合条件依赖程度较高。在乳化过程中,微流控技术可以对水-油乳化剂进行精确操作,但很难对水-水乳化剂进行精确操作[38]。水-水乳化剂在应用过程中存在的挑战是,两种不相容的水相液体之间存在超低的界面剪切力[39],这会延误分散相的切断,因此常常会造成液滴尺寸分布在较大的范围内。

在这里,介绍一种利用三相全水生物相容性较好的溶剂快速生成微胶囊的方法。本书中的方法相比传统水-水相[37-38,40-41]生成微胶囊的方法,能够灵活对微胶囊的直径、壳核相对厚度进行调节,使用的外围溶液是与细胞相容性较好的水溶性溶液,这使得在交联生成水凝胶微胶囊的过程中细胞或其他生物样品的活性不会受到损伤。因此,此方法在未来的生物医学领域有着巨大的应用前景,例如,活细胞的移植[12]、药物传递[42-43]和具有一定生物结构组织的体外仿生3D培养[44]。

4.2 实验材料与方法

4.2.1 水-水-水模板化生成微胶囊装置设计

本研究在三层管中管装置中引入了振荡系统,装置的最外层是一种生物相容性较好的溶液,中间层与振荡系统相连接,最内层是需要封装的生物材料。本方法可以精确控制和调节胶囊的尺寸,而且还可以根据设计出的胶囊尺寸灵活调整核壳的相对厚度,装置的最内层可以封装任意的生物材料。与中间层相连接的振荡源每振荡一次,中间层和最内层的溶液就会形成一个分散的液滴,最外层的连续相液体会带着由于振荡截断产生的液滴流入交联溶液($CaCl_2$溶液)中形成水凝胶胶囊。由于在胶囊的整个形成过程中,生物样品一直处于生物相容性较好的溶液中,其内部生物样品的活性受到的损伤较小。

如图4-1所示,本套管中管装置共包含外层、中层和内层三层玻璃毛细管。其中,外层玻璃管内径为1 000 μm,管壁厚度为100 μm,长度为5 cm,玻璃管前端通过硅胶软管连接在装置的第一个三通上,其末端接在一段长度为15 cm的硅胶管上,硅胶软管的末端放在收集胶囊的培养皿中。

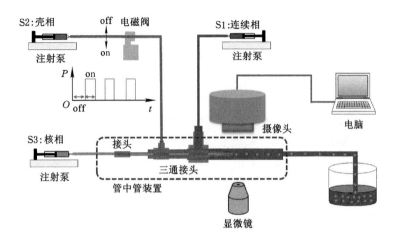

图 4-1 水-水-水模板化生成微胶囊装置连接图

中间层毛细管的外径为 800 μm,壁厚为 50 μm,其前端在酒精喷灯的火焰加热下拉成锥形管,并且可以在带有标尺的显微镜下把毛细管尖端内径截成实验需要的内径,本实验中所需的尖端内径为 400 μm。中间层玻璃毛细管通过前端第一个 T 形三通(第一个三通横着的两个口中,前端口与外层玻璃毛细管连接,后端口与中间层玻璃毛细管连接,其垂直端口接入外层的连续相溶液)进入外层玻璃毛细管的内部,在中间层玻璃毛细管的适当位置包裹一定厚度的防水胶带以确保其紧密地塞入第一个三通中。同时,还要保证中间层玻璃毛细管尖端处在外层玻璃毛细管的中间位置,如果中间层玻璃毛细管的尖端碰到外层玻璃毛细管的管壁,就会阻碍中间层和内层液体形成分散液滴。

内层玻璃毛细管的内径为 400 μm,壁厚为 50 μm,前端在酒精喷灯的火焰上拉成锥形管,同样在带有标尺的显微镜下将玻璃毛细管前端截成实验需要的内径(180 μm)。同中间层玻璃毛细管类似,在适当的位置包裹一定厚度的防水胶带,塞到装置的第二个 T 形三通中(第二个三通横着的两个端口中,前端口通过硅胶软管过渡连接到中间层玻璃毛细管,后端连接到最内层玻璃毛细管,其垂直端接入中间层溶液),同时为了保证高效准确地形成壳核壳结构的微胶囊,需要保证内层玻璃毛细管的尖端处在中间层玻璃毛细管尖端的中间位置,而且内层和中间层玻璃毛细管的尖端要在同一平面上。然后把装置用 AB 胶固定在一块有机玻璃板上。

如图 4-1 所示,将管中管装置的外层溶液进口和注射泵 S1(南京安尔科电子科技有限公司生产,WK-101P 型)相连接,装置的中间层溶液进口与注射泵 S2 相连接。此系统由机械振荡源控制器(自主设计研发)和管道阀(TAKASAGO

ELECTRIC)组成,在控制器上设定一定的频率来配置管道阀以控制中间层溶液的通断状态,从而在第二层溶液中产生一定频率的振荡,使中间层和内层溶液分散到外层的连续相溶液中,然后由外层溶液把分散的液滴运载到 $CaCl_2$ 溶液中交联成水凝胶胶囊。用于连接装置外层和中间层进口的硅胶软管长为10 cm,内径为 800 μm,壁厚为 200 μm,管道阀接在硅胶管的中间位置,即距离第二个三通进口 5 cm 位置处。由于内层玻璃毛细管的内径较小,选择和它连接的硅胶软管尺寸如下:内径为 400 μm,壁厚为 200 μm,长为 10 cm。本套系统的图像采集模块由一台奥林巴斯 CKX-53 显微镜和佳能 EOS-D650D 组成,实验的参数可以根据图像采集系统实时采集到的图像信息进行调整,例如,如果采集到生成胶囊的直径大于实验需要的微胶囊的直径,则通过加大振荡频率或者减小最内层溶液的流速来实现减小生成微胶囊直径的目的。

4.2.2 生成具有核壳结构的微胶囊系统搭建

首先,用无菌水把装置清洗干净再用医用酒精冲洗 3 次,接着用生理盐水冲洗 3 次,最后将装置放到超净工作台中进行紫外灭菌同时风干 1 h。使用注射器将无菌溶液注射到管中管装置中,先注射外层溶液,使其充满装置,然后再注入中间层溶液,同样直到可以在毛细玻璃管中看到内层溶液为止。装载溶液完毕后,把管中管装置放到显微镜载物台上,同时把对应的注射器装到对应的注射泵上,其中,外层溶液注射器安装到注射泵 S1 上,中间层液体的注射器安装到注射泵 S2 上,内层溶液注射器安装到注射泵 S3 上,最后,在中间层软管上离进口 5 cm 处接上管道阀。至此,装置的所有外围设备连接完毕。实验时,首先打开电脑、显微镜、数码相机、注射泵和机械振荡源的电源,通过显微镜找到装置喷口的位置并且调整使其喷口尽量在显微镜视野左侧的中间位置,同时尽量使显微镜拍摄到的视野最大。然后使用显微镜上的固定装夹把装置固定在显微镜的载物台上,防止出现实验过程中振动而造成拍摄到的视频画面出现抖动的情况。接着,启动注射泵 S1,设置 S1 的流速为 100 μL/min,快进 S1 使其和外层注射器完成匹配,同样启动注射泵 S2 和 S3,设置 S2 和 S3 的流速均为 1.5 μL/min,快进注射泵 S2 和 S3,使它们和对应的中间层和内层注射器完成匹配。设置机械振荡器的频率为 1 Hz/min,打开注射泵 S1、S2 和 S3,打开机械振荡源,观察到机械振荡源每振荡一次产生一个胶囊。

振荡生成微胶囊的具体过程如图 4-2 所示,其中,振荡源控制的管道阀分为"通"和"断"两种状态。通的状态原理示意图如图 4-2(a)、图 4-2(c)所示,管道阀处于通的状态,中间层液体正常流动。图 4-2(c)表示管道阀从"断"的状态切换至"通"的状态,中间层和内层毛细玻璃管内液体被挤出;图 4-2(a)所示装置内层和中间层毛细玻璃管喷口处形成长条状胶囊,但末端和毛细玻璃管内部液体还

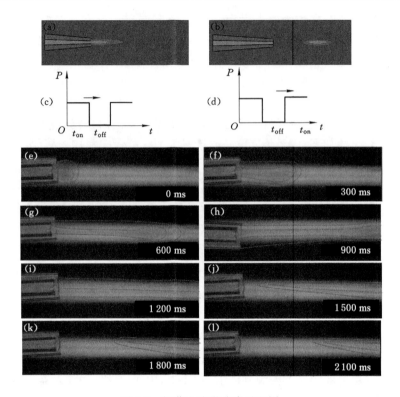

图 4-2 振荡生成微胶囊过程图

是黏附在一起的。图 4-2(d)表示管道阀从"通"的状态切换至"断"的状态,中间层和内层毛细玻璃管内液体有个回拉的脉冲,使被挤出的液体前端一部分液体和后边液体柱断裂,如图 4-2(b)所示,前端断裂的液体自动形成胶囊,后端液体柱回抽到中间层和内层毛细玻璃管内。图 4-2(e)至图 4-2(l)为一个微胶囊生成的全程拍摄图片,图片来源于实验录像等时段截图。其中,从图 4-2(e)到图 4-2(h)为管道阀从"断"的状态切换至"通"的状态,毛细玻璃管内液体被挤出;从图 4-2(i)到图 4-2(l)为管道阀从"通"的状态切换至"断"的状态,被挤出的液体柱前端液体和后边液体柱分离形成胶囊,随着外层液体流出管中管装置。

4.2.3 一组特定流速下的微胶囊尺寸及结构特性

基础液如下:

内层溶液——1%(w/v)羧甲基纤维素钠(Sigma)+0.25 mmol/L D-Mannital(Sigma)。

中间层溶液——1%(w/v)海藻酸钠(BBI Life Sciences)+15%(w/v)相对分子质量为 50 000 的葡聚糖(Duly,Nanjing,China)+0.25 mmol/L D-Mannital

(Sigma)。

外层溶液——30%(w/v)相对分子质量为10 000的聚乙二醇(BBI Life Sciences)。配置2%(w/v)氯化钙溶液(Sigma)。

所有溶液都用去离子水配置,同时用HEPES(Sigma)把所有溶液调到pH为7.2。

生成胶囊的条件:内层-中层-外层溶液的流速分别为1.5 μL/min-1.5 μL/min-100 μL/min,机械振荡频率为2 Hz。一共生成了117个空胶囊,实验统计了117个胶囊的外径和内核的直径,发现在一个特定条件下生成的胶囊外径和核的直径范围符合正态分布。生成未封装细胞空胶囊如图4-3(c)所示。

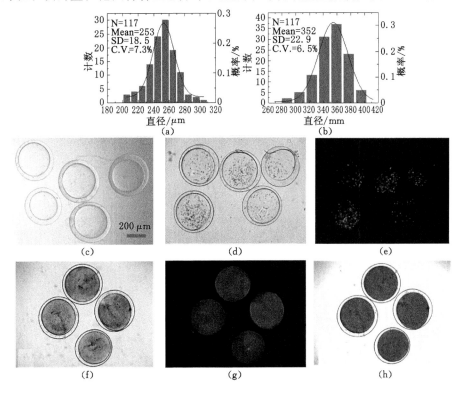

(a) 微胶囊核的直径分布图;(b) 微胶囊外径分布图;(c) 未封装细胞微胶囊明场图;
(d) 封装细胞后的微胶囊明场图;(e) 图(d)相对应的荧光图;(f) 内层溶液加入
荧光粒子后形成微胶囊的明场图;(g) 图(f)对应的荧光图;(h) 图(f)和图(g)的合成图。

图4-3 特定流速下生成微胶囊的核壳尺寸统计正态分布图

95%核的直径集中在(260±50) μm范围内。
95%胶囊外径集中在(350±50) μm范围内。

具体统计结果如图 4-3(a)和图 4-3(b)所示。

为了验证本套系统能有效地封装细胞,在上述内层、中间层和外层溶液基础上,用内存液体和细胞混合,形成细胞悬浮液,然后按上述参数生成微胶囊,微胶囊的明场图和荧光图如图 4-3(d)和图 4-3(e)所示。通过统计加入细胞后微胶囊的核壳数据,发现加入细胞和未加入细胞核壳数据无显著差异。

为了验证本套系统封装生成微胶囊后内层核相和外层壳相不会互溶,在内层溶液中加入荧光粒子标记,然后按上述参数生成微胶囊,微胶囊的明场图和荧光图如图 4-3(f)和图 4-3(g)所示,图 4-3(h)为明场图 4-3(f)和荧光图 4-3(g)的合成图片。从图 4-3(h)可以较清晰地看出,内层核相和外层壳相有明显的分界线,说明内层核相和外层壳相互不溶解。

4.2.4 流速对胶囊尺寸的影响

所有溶液成分与上述生成空胶囊基础溶液成分相同。

(1) 调整核相流速,核相流速为 1.0 μL/min、1.5 μL/min、2.5 μL/min,壳相流速不变,且机械振荡阀的频率为 1 Hz,外层流速为 100 μL/min。结果如图4-4所示。

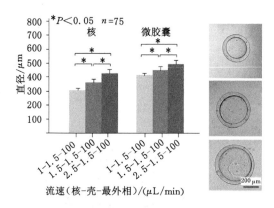

图 4-4 改变核相流速的微胶囊核壳尺寸统计图

通过统计发现核和整个胶囊的直径增大,壳的厚度减小。

通过 t 检验得出,每两项之间具有统计学意义。

结论:改变核相的流速可以起到调控核直径的作用。

(2) 核相流速不变,改变壳相流速,分别为 1.0 μL/min、1.5 μL/min、2.5 μL/min,机械振荡阀的频率为 1 Hz,外层流速为 100 μL/min。结果如图 4-5 所示。

通过 t 检验得出,差异没有统计学意义。

第4章 水-水-水模板化制备微胶囊工艺研究

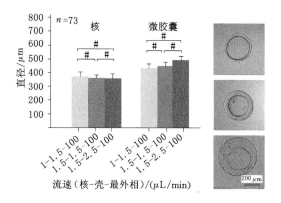

图 4-5 改变壳相流速的微胶囊核壳尺寸统计图

结论:改变壳相的流速对调节核壳的相对厚度和胶囊大小没有作用。

(3) 内层和中间层的流速均为 1.5 μL/min,外层流速为 100 μL/min,改变机械振荡阀的频率,分别增大到 3 Hz 和 4 Hz,结果表明(图 4-6):随着振荡频率的不断增大,核直径和壳的厚度不断减小。

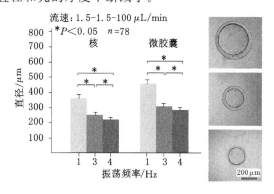

图 4-6 改变振荡频率的微胶囊核壳尺寸统计图

本套系统能通过改变机械振荡阀(管道阀)频率来调整胶囊直径,其中,在一定的频率范围内,频率越大,胶囊直径越小,胶囊直径和振荡频率成反比。在一定的流量范围内,改变内层溶液的流速,可以起到调节核壳相对厚度的作用,其中,核相流速越大,胶囊核直径越大且壳的厚度越小。通过分析实验数据得出,按照核相流速改变的幅度去改变壳相流速,对胶囊直径和核的直径影响不大。由于本系统中间层接入机械振荡源,振荡对中间层液体的流速影响减弱了壳相流速改变对胶囊尺寸造成的影响。因此,本套系统可以通过改变机械振荡频率和核相流速来改变胶囊尺寸。

4.3 结果与讨论

4.3.1 封装后破囊统计细胞存活率

本实验使用的内层、中间层和外层溶液所生成的空胶囊的溶液成分是一致的,取出细胞后,离心形成 100 μL 的细胞悬浮液,然后将其均分成两份,一份用 1 mL 生理盐水重新悬浮,作为新鲜对照组,另一份加入 1 mL 的内层溶液并摇匀。其中,内层溶液包含 1%(w/v)的羧甲基纤维素钠(Sigma)和 0.25 mmol/L D-Mannital(Sigma)。中间层溶液的成分为 1%(w/v)海藻酸钠(BBI Life Sciences)+15%(w/v)相对分子质量为 50 000 的葡聚糖(Duly,Nanjing,China)+0.25 mmol/L D-Mannital(Sigma)。将内层和中间层溶液分别装入两只 1 mL 的一次性无菌注射器中。外层溶液的成分为 30%(w/v)相对分子质量为 10 000 的聚乙二醇(BBI Life Sciences),装入 10 mL 一次性无菌注射器中。封装的参数条件为内层和中间层溶液流速为 1.5 μL/min,外层溶液流速为 100 μL/min,机械振荡频率为 2 Hz,实验生成的内层包裹细胞悬浮液,中间层为海藻酸钠溶液的微液滴,微液滴生成以后会随着外层溶液的流动慢慢进入氯化钙溶液之中[2%(w/v),Sigma],在该溶液中海藻酸钠与 Ca^{2+} 交联形成的外层为网状结构水凝胶,内层为细胞悬浮液的液体核胶囊。实验时,先用 1 mL 移液枪吸出微胶囊,然后用 PBS 清洗 3 次,因为生成的封装细胞的微胶囊直径大约在 360 μm 而且封装的细胞数量较多,很难准确地在胶囊内部统计出细胞的存活率,所以利用 75 mmol/L 柠檬酸钠溶解胶囊,将包裹的细胞释放出来,然后再进行统计,得到的细胞存活率就较为准确。破囊后,先使用等渗的生理盐水清洗细胞,然后离心 3 次,最后用 PBS 重新悬浮细胞,制成细胞悬浮液后,同时测量其与新鲜对照组细胞的存活率。细胞存活率的测量方法:将等体积的 AO(0.5 g/mL)和 EB(0.5 g/L)均匀混合制成 AO/EB 荧光染液,添加配置的 1 μL 荧光染液到 25 μL 的细胞悬浮液中,在室温下孵育 3 min 后取出 8 μL 染色后的细胞悬浮液置于载玻片上,轻轻盖上盖玻片,用滤纸吸掉多余的液体,使用荧光显微镜观察并统计细胞存活率。重复 3 次相同的实验,统计最后的结果如图 4-7 所示,可见新鲜组细胞的存活率为 93%±2.5%,封装破囊后细胞的存活率为 90%±2.3%,两者之间没有显著差异。

4.3.2 猪脂肪干细胞的封装与 3D 培养

本实验中溶液的参数与上述细胞封装的溶液参数相同,生成液滴后,液滴会随着外层的聚乙二醇溶液流入 $CaCl_2$ 溶液中。在该溶液中海藻酸钠与 Ca^{2+} 交联

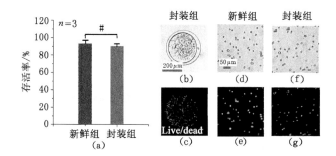

(a) 新鲜细胞和水凝胶封装细胞的存活率(破囊后测得存活率);(b) 封装细胞胶囊的明场图;
(c) 图(b)对应的荧光图;(d) 新鲜组细胞的明场图;(e) 图(d)对应的荧光图;
(f) 破囊后细胞的明场图;(g) 图(f)对应的荧光图。

图 4-7 封装对细胞存活率的影响

形成网状结构的水凝胶胶囊,然后用 1 mL 移液枪吸出水凝胶胶囊放入 PBS 中清洗 3 次。再把水凝胶胶囊放入装有 DME/F-12 培养液的培养皿中,该培养液主要包含 90% 的 DME/F-12 基础培养基(HyClone,SH30023.01)、10% 的胎牛血清(HyClone,SH30084.03)、50 μg/mL 的抗坏血酸 VC(Sigma,A4403-100MG)、10 ng/mL 的碱性成纤维细胞生长因子 bFGF(PeproTech,100-18b)以及 2 mmol/L 的 GlutaMAXTM-100x(Life Technologies,35050-061)。胶囊的外层就是水凝胶的壳,细胞生长所需要的营养物质以及细胞生长过程中的代谢物都可以自由通过空间网状结构的水凝胶,但是细胞不能通过水凝胶的壳,这样对于细胞而言,每个水凝胶内部就相当于一个独立的 3D 生长环境,由此可以有效地避免大量细胞在一起生长而造成的排斥反应。此后,在第 1 天、第 3 天、第 5 天、第 7 天分别取出部分水凝胶,用 AO/EB 荧光染液检测细胞的存活率,检测的结果如图 4-8 所示,细胞的生长状况良好,细胞在第 7 天已经生长成团并且没有出现明显的细胞死亡。

4.3.3 猪脂肪干细胞 3D 培养后的功能检测

首先取出培养了 7 d 的水凝胶胶囊,然后放到 75 mmol/L 的柠檬酸钠溶液中使其溶解,将细胞团释放出来,再利用免疫荧光染色法检测 pADSCs 细胞团表面蛋白 CD44、CD29 的表达。具体操作如下,先用 PBS 清洗细胞团 3 次,每次 5 min;然后采用荧光染色固定液固定细胞团,在室温下放置 15 min 后清洗 3 次,每次 5 min;再将盖玻片移到载玻片上,吸干 PBS 后滴加免疫荧光封闭液封闭 1 h。添加稀释后的 Mouse anti CD44 Monoclonal antibody(Proteintech),Purified Mouse Anti-Pig CD29(BD Pharmingen)和 Purified Mouse Anti-Human

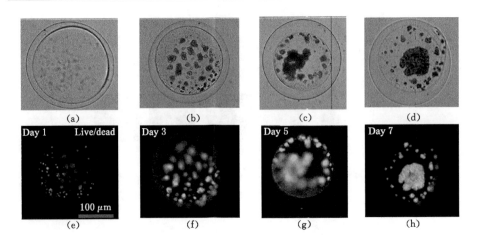

(a)(b)(c)(d) 封装细胞 3D 培养 1 d、3 d、5 d 和 7 d 的明场图；
(e)(f)(g)(h) 图(a)、(b)、(c)、(d)对应的荧光图。

图 4-8 细胞封装后 3D 培养图片

CD31(BD Pharmingen)。先将其置于 4 ℃冰箱中孵育过夜；次日，将载玻片放入 37 ℃恒温箱中复温 30 min，再用 PBS 清洗 3 次，每次 5 min，吸干 PBS 后，添加 1∶50 稀释的 Goat anti-Mouse Secondary Antibody, Alexa Fluor 488 (Thermo Fisher Scientific)，室温避光孵育 1 h；然后用 PBS 清洗 3 次，每次 5 min，之后添加 DAPI 染液复染核，染色 10 min 后使用 PBS 清洗 3 次，每次 5 min；最后滴加抗猝灭封闭液，于暗室中将其置于蔡司激光共聚焦显微镜下观察每种蛋白的表达情况。结果如图 4-9 所示。

目前，传统的微胶囊生成方法都是通过间接条件来控制液滴尺寸的，一般通过一相来剪切另外一相，很难通过调整参数来精确控制液滴尺寸，本书设计的装置基于自破碎原理，可以直接控制液滴生成尺寸。通过以下实验参数获取实验结果。其中，第一组实验参数如下：机械振荡频率为 1 Hz，中间层溶液流速为 1.5 μL/min，最外层溶液流速为 100 mL/min，改变内层核相流速，核相流速分别为 1.0 μL/min、1.5 μL/min、2.0 μL/min、2.5 μL/min、3.0 μL/min。首先在每个不同的流速条件下统计 60 个左右的水凝胶胶囊，然后在图像处理软件中圈出水凝胶胶囊核和整个胶囊的投影面积，并算出每个胶囊核和整个胶囊的直径，再根据公式进一步算出每个水凝胶胶囊的核体积，最后根据机械振荡频率计算出 1 min 内有效包裹的核相溶液的体积，具体数据如表 4-1 和图 4-10 所示。

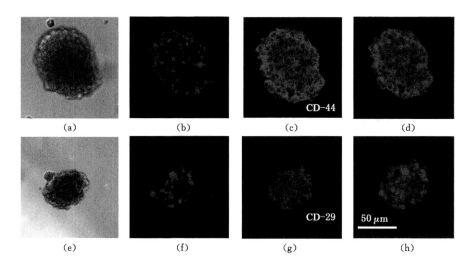

(a) 细胞团明场图;(b) 染细胞核标记物 DAPI 荧光图;(c) 染细胞膜表面蛋白 CD-44 荧光图;
(d) 图(b)和图(c)的合成图;(e) 细胞团明场图;(f) 染细胞核标记物 DAPI 荧光图;
(g) 染细胞膜表面蛋白 CD-29 荧光图;(h) 图(f)和图(g)的合成图。

图 4-9　细胞封装 3D 培养后细胞团的功能检测图片

表 4-1　核相实际流速和有效封装到胶囊内的流速详细参数对比

核相流速/(μL/min)	1.0	1.5	2.0	2.5	3.0
核的直径/μm	308.64±16.60	360.21±25.00	396.00±22.30	430.08±29.27	452.20±19.10
胶囊的直径/μm	415.24±18.80	453.07±22.53	478.01±26.00	500.48±24.60	516.10±20.30
1 min 核体积/μL	0.92±0.14	1.47±0.29	1.95±0.31	2.49±0.49	2.90±0.34

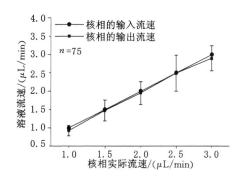

图 4-10　核相实际流速和有效封装到胶囊内的流速关系

第二组实验参数如下：机械振荡频率为 1 Hz，内层溶液流速为 1.5 μL/min，最外层溶液流速为 100 mL/min，改变中间层壳相流速，壳相流速分别为 1.0 μL/min、1.5 μL/min、2.0 μL/min、2.5 μL/min、3.0 μL/min。同样，在每个流速条件下统计 60 个左右的水凝胶胶囊，处理方法与第一组相同，分析时先分别计算出核和整个胶囊的体积，进一步求出壳的体积，然后根据机械振荡频率计算出 1 min 内有效包裹的壳相溶液的总体积，具体数据如表 4-2 和图 4-11 所示。

表 4-2　壳相实际流速和有效封装到胶囊内的流速详细参数对比

壳相流速/(μL/min)	1.0	1.5	2.0	2.5	3.0
核的直径/μm	364.24±18.78	360.7±28.42	357.30±24.02	356.97±29.69	354.85±23.56
胶囊的直径/μm	430.79±16.29	455.42±31.57	467.22±23.44	475.85±19.12	479.24±21.32
1 min 壳体积/μL	0.98±0.06	1.49±0.26	1.78±0.21	1.96±0.07	2.06±0.20

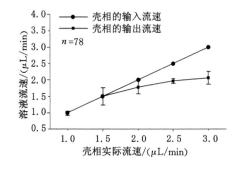

图 4-11　壳相实际流速和有效封装到胶囊内的流速关系

第三组实验参数如下：内层溶液和中间层溶液流速为 1.5 μL/min，最外层溶液流速为 100 mL/min，改变机械振荡频率，分别为 1 Hz，2 Hz，3 Hz，4 Hz，5 Hz。每个流速条件下统计 60 个左右的水凝胶胶囊，处理方法与第一组相同，分析时先分别计算出核和整个胶囊的体积，进一步求出壳的体积，然后根据机械振荡频率计算出 1 min 内有效包裹的壳相溶液的总体积，具体数据如表 4-3 和图 4-12 所示。

表 4-3　振荡频率对核壳两相实际流速和有效封装到胶囊内的流速的影响结果

振荡频率/Hz	1	2	3	4	5
核的直径/μm	362.47±18.27	286.56±21.76	251.43±26.87	225.72±16.53	210.50±22.38
胶囊的直径/μm	456.00±25.83	360.54±18.94	314.52±25.25	283.14±18.5	262.22±23.87
1 min 核总体积/μL	1.49±0.21	1.47±0.32	1.49±0.43	1.44±0.31	1.46±0.42
1 min 壳总体积/μL	1.49±0.26	1.46±0.10	1.43±0.57	1.41±0.23	1.37±0.30

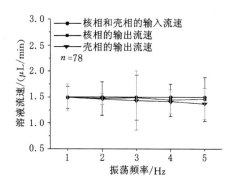

图 4-12　振荡频率对核壳两相实际流速和
有效封装到胶囊内的流速的影响结果

通过以上数据可以发现,改变核相流速,单位时间内核相的有效包裹体积与实验设定值相差很小,在统计学上没有显著差异。因此,改变核相流速可以有效地改变核的直径,进而改变核壳的相对厚度关系。随着壳相溶液流速的不断增加,水凝胶胶囊中实际增加的有效的壳体积差异越来越大,在壳相流速为 $2.5\ \mu L/min$、$3\ \mu L/min$ 的情况下,统计学分析出现了显著差异性。由于本系统的机械振荡源接在中间溶液相,所以中间层壳相溶液在一定的流速下,可以有效地进入胶囊内部,随着流速的增加,振碎到外层溶液中的中间层壳相溶液增多,因此,改变中间相溶液的流速不能有效地改变壳的厚度。随着机械振荡频率的增加,水凝胶胶囊的直径会不断减小。实验数据显示,核相和壳相单位时间内的有效包裹体积与实验设定的体积值相差很小,统计学上无差异,因此改变机械振荡频率可以有效地改变胶囊的直径。上述实验数据验证了本书的研究思路是可行的,这样,就为以后精确控制胶囊提供了一种生成方案。

本套装置利用自破碎原理形成了水-水-水的三相胶囊结构,最内层和最外层液体均保持恒定的流速。在装置的中间相接入了机械振荡源,使中间相产生脉冲波动,从而推动最内层液体生成一个个具有壳核结构的微胶囊,产生的微胶囊可以由外层液体带入收集容器中。本套系统与以往最外层通过剪切力形成水-水结构胶囊的方法相比,具有以下优越性:

(1)本套装置采用机械方法自破碎产生胶囊,而且可以通过调整最内层核相溶液的流速以及振荡频率直接改变胶囊核的大小。这与以往通过调节三相流速来改变胶囊核的方法相比,作用更直接,生成更方便。由于外层溶液仅仅起到"拖运胶囊"的功能,所以可以使此相流速相对较小,这样与以往使用高速流动且具备较好生物相容性的油相剪切方法生成胶囊相比,更加节省材料、节约实验成本。

(2) 本套装置的最外层为水相,便于胶囊的清洗。对一些生物材料(细胞)的封装,如果使用油相,那么生物材料的表面就很难清洗干净,而残留在生物材料表面的油性材料往往是有害的。

(3) 本装置可以通过振荡频率来控制液滴的生成速率,与一般的使用油相剪切形成胶囊的装置相比具有更高的形成效率。

参 考 文 献

[1] SONG H,CHEN D L,ISMAGILOV R F. Reaktionen in mikrofluidiktröpfchen [J]. Angewandte chemie,2006,118(44):7494-7516.

[2] HUNG L H,LIN R,LEE A P. Rapid microfabrication of solvent-resistant biocompatible microfluidic devices[J]. Lab on a chip,2008,8(6):983.

[3] GAÑÁN-CALVO A M,MONTANERO J M,MARTÍN-BANDERAS L,et al. Building functional materials for health care and pharmacy from microfluidic principles and flow focusing [J]. Advanced drug delivery reviews,2013,65(11-12):1447-1469.

[4] ZHANG W J,HE X M. Encapsulation of living cells in small(approximately 100 microm) alginate microcapsules by electrostatic spraying:a parametric study[J]. Journal of biomechanical engineering,2009,131(7):074515.

[5] LEE Y H,MEI F,BAI M Y,et al. Release profile characteristics of biodegradable-polymer-coated drug particles fabricated by dual-capillary electrospray[J]. Journal of controlled release,2010,145(1):58-65.

[6] KIM J,SACHDEV P,SIDHU K. Alginate microcapsule as a 3D platform for the efficient differentiation of human embryonic stem cells to dopamine neurons[J]. Stem cell research,2013,11(3):978-989.

[7] HUANG H S,CHOI J K,RAO W,et al. Alginate hydrogel microencapsulation inhibits devitrification and enables large-volume low-CPA cell vitrification [J]. Advanced functional materials,2015,25(44):6839-6850.

[8] AGUDELO C A,IWATA H. The development of alternative vitrification solutions for microencapsulated islets[J]. Biomaterials,2008,29(9):1167-1176.

[9] KULESHOVA L L,WANG X W,WU Y N,et al. Vitrification of encapsulated hepatocytes with reduced cooling and warming rates[J]. Cryo letters,2004,25(4):241-254.

[10] ATEFI E, LEMMO S, FYFFE D, et al. High throughput, polymeric aqueous two-phase printing of tumor spheroids[J]. Advanced functional materials,2014,24(41):6509-6515.

[11] LEMMO S, ATEFI E, LUKER G D, et al. Optimization of aqueous biphasic tumor spheroid microtechnology for anti-cancer drug testing in 3D culture [J]. Cellular and molecular bioengineering, 2014, 7(3): 344-354.

[12] ZHAO S T, XU Z B, WANG H, et al. Bioengineering of injectable encapsulated aggregates of pluripotent stem cells for therapy of myocardial infarction [J]. Nature communications,2016,7:13306.

[13] ZHAO Y J, SHUM H C, CHEN H S, et al. Microfluidic generation of multifunctional quantum dot barcode particles[J]. Journal of the American Chemical Society,2011,133(23):8790-8793.

[14] BAUMES J M, GASSENSMITH J J, GIBLIN J, et al. Storable, thermally activated, near-infrared chemiluminescent dyes and dye-stained microparticles for optical imaging[J]. Nature chemistry,2010,2(12):1025.

[15] AGARWAL P, ZHAO S T, BIELECKI P, et al. One-step microfluidic generation of pre-hatching embryo-like core-shell microcapsules for miniaturized 3D culture of pluripotent stem cells[J]. Lab on a chip,2013, 13(23):4525-4533.

[16] ZHANG W J, ZHAO S T, RAO W, et al. A novel core-shell microcapsule for encapsulation and 3D culture of embryonic stem cells[J]. Journal of materials chemistry B,2013,1(7):1002-1009.

[17] SIDHU K, KIM J, CHAYOSUMRIT M, et al. Alginate microcapsule as a 3D platform for propagation and differentiation of human embryonic stem cells(hESC) to different lineages[J]. Journal of visualized experiments,2012,61:3608.

[18] CHAN H F, ZHANG Y, LEONG K W. Efficient one-step production of microencapsulated hepatocyte spheroids with enhanced functions[J]. Small,2016,12(20):2720-2730.

[19] GURRUCHAGA H, CIRIZA J, SAENZ D B L, et al. Cryopreservation of microencapsulated murine mesenchymal stem cells genetically engineered to secrete erythropoietin [J]. International journal of pharmaceutics, 2015,485(1-2):15-24.

[20] HUANG H S,CHOI J K,RAO W,et al. Alginate hydrogel microencapsulation inhibits devitrification and enables large-volume low-CPA cell vitrification[J]. Advanced functional materials,2015,25(44):6839-6850.

[21] YASUKAWA M,KAMIO E,ONO T. Monodisperse water-in-water-in-oil emulsion droplets[J]. Chemphyschem,2011,12(2):263-266.

[22] MCCLEMENTS D J, DECKER E A. Lipid oxidation in oil-in-water emulsions: impact of molecular environment on chemical reactions in heterogeneous food systems[J]. Journal of food science,2000,65(8): 1270-1282.

[23] SAH H. Protein behavior at the water/methylene chloride interface[J]. Journal of pharmaceutical sciences,1999,88(12):1320-1325.

[24] HARDT S,HAHN T. Microfluidics with aqueous two-phase systems[J]. Lab on a chip,2012,12(3):434-442.

[25] ALBERTSSON P Å. Chromatography and partition of cells and cell fragments[J]. Nature,1956,177:771-774.

[26] TAVANA H, MOSADEGH B, TAKAYAMA S. Polymeric aqueous biphasic systems for non-contact cell printing on cells: engineering heterocellular embryonic stem cell niches[J]. Advanced materials,2010, 22(24):2628-2631.

[27] PETROV A P, CHERNEY L T, DODGSON B, et al. Separation-based approach to study dissociationkinetics of noncovalent DNA-multiple protein complexes[J]. Journal of the American Chemical Society,2011, 133(32):12486-12492.

[28] KUMAR A A,LIM C,MORENO Y,et al. Enrichment of reticulocytes from whole blood using aqueous multiphase systems of polymers[J]. American journal of hematology,2015,90(1):31-36.

[29] TAVANA H,JOVIC A,MOSADEGH B,et al. Nanolitre liquid patterning in aqueous environments for spatially defined reagent delivery to mammalian cells[J]. Nature materials,2009,8(9):736-741.

[30] VIJAYAKUMAR K, GULATI S, DE MELLO A J, et al. Rapid cell extraction in aqueous two-phase microdroplet systems [J]. Chemical science,2010,1(4):447-452.

[31] KUMAR A A, PATTON M R, HENNEK J W, et al. Density-based separation in multiphase systems provides a simple method to identify

sickle cell disease[J]. Proceedings of the national academy of sciences, 2014,111(41):14864-14869.

[32] MORAES C, SIMON A B, PUTNAM A J, et al. Aqueous two-phase printing of cell-containing contractile collagen microgels[J]. Biomaterials,2013,34(37):9623-9631.

[33] ELBERT D L. Liquid-liquid two-phase systems for the production of porous hydrogels and hydrogel microspheres for biomedical applications: a tutorial review[J]. Acta biomaterialia,2011,7(1):31-56.

[34] MEAGHER R J, LIGHT Y K, SINGH A K. Rapid, continuous purification of proteins in a microfluidic device using genetically-engineered partition tags[J]. Lab on a chip,2008,8(4):527-532.

[35] SOOHOO J R, WALKER G M. Microfluidic aqueous two phase system for leukocyte concentration from whole blood[J]. Biomedical microdevices, 2009,11(2):323-329.

[36] ZIEMECKA I, VAN STEIJN V, KOPER G J M, et al. All-aqueous core-shell droplets produced in a microfluidic device[J]. Soft matter, 2011,7(21):9878.

[37] SAURET A, CHEUNG S H. Forced generation of simple and double emulsions in all-aqueous systems[J]. Applied physics letters, 2012, 100(15):381-397.

[38] MOON B U, JONES S G, HWANG D K, et al. Microfluidic generation of aqueous two-phase system(ATPS) droplets by controlled pulsating inlet pressures[J]. Lab on a chip,2015,15(11):2437-2444.

[39] ZIEMECKA I, VAN STEIJN V, KOPER G J M, et al. Monodisperse hydrogel microspheres by forced droplet formation in aqueous two-phase systems[J]. Lab on a chip,2011,11(4):620-624.

[40] CHEUNG S H, VARNELL J, WEITZ D A. Microfluidic fabrication of water-in-water(w/w) jets and emulsions[J]. Biomicrofluidics, 2012, 6 (1):12808-12809.

[41] SONG Y, SHUM H C. Monodisperse w/w/w double emulsion induced by phase separation[J]. Langmuir: the ACS journal of surfaces and colloids, 2012,28(33):12054-12059.

[42] XU Q B, HASHIMOTO M, DANG T T, et al. Preparation of monodisperse biodegradable polymer microparticles using a microfluidic flow-focusing

device for controlled drug delivery[J]. Small,2009,5(13):1575-1581.
[43] KOGAN A, GARTI N. Microemulsions as transdermal drug delivery vehicles[J]. Advances in colloid and interface science,2006(21):369-385.
[44] PONCELET D,DE VOS P,SUTER N,et al. Bio-electrospraying and cell electrospinning:progress and opportunities for basic biology and clinical sciences[J]. Advanced healthcare materials,2012,1(1):27-34.

第 5 章 纤维状水凝胶封装细胞的玻璃化保存和 3D 培养

5.1 引　　言

　　细胞封装技术在生物医学工程的细胞治疗和组织工程中体现出很多优点[1-4]。封装细胞最大的优点在于其能给封装的细胞提供一个免疫隔离的环境，来消除或者减少宿主细胞对外来细胞的免疫排斥效应[5-6]。在很多情况下，水凝胶由于良好的生物相容性和温和的交联环境被广泛地用于封装细胞和微小组织[7-11]。水凝胶小球、胶囊和微纤维被广泛作为细胞支架用在 3D 培养中[12-14]。同时，低温保存近些年被越来越多地用于干细胞、组织和器官的长期保存，好的低温保存技术能维持细胞的功能特性（如增殖和分化）和遗传特性，且操作方法方便、快捷，便于随时用于科研和临床[15]。至今低温保存方法有很多种，主要分为慢速冷冻和玻璃化冷冻两类，玻璃化冷冻方法和慢速冷冻方法相比在保持细胞发育能力、遗传信息和细胞骨架完整性方面有很大优势[16-18]。因此，未来有很大的希望将玻璃化保存应用到生物工程中的生殖、组织工程和器官移植领域。在细胞低温保存过程中，人们普遍认为胞内冰的产生是导致细胞死亡的主要因素[19-20]。目前，一般通过两种方法来减少胞内冰：慢速冷冻和传统的高浓度低温保护剂实现玻璃化保存。前者，在慢速冷冻过程中（一般降温速率小于 5 ℃/min），细胞外溶液不断结冰，细胞外渗透压不断增高，细胞不断被脱水，这种方法涉及冷冻浓缩且会对细胞造成重大的损伤。另外，传统的玻璃化保存使用浓度较高的渗透性低温保护剂如二甲基亚砜、1,2-丙二醇（通常玻璃化保存细胞需要浓度高达 6～8 mol/L 的渗透性低温保护剂，慢速冷冻一般渗透性低温保护剂浓度需 1～2 mol/L），高浓度的低温保护剂容易对细胞造成代谢和渗透性（包括细胞脱水）损伤[21-24]。虽然高浓度低温保护剂可以通过多步添加（在冷冻前）和去除（在复温后）保护剂的方法来降低对细胞的毒害，但分步添加和去除比较耗时且操作复杂[20,25-28]。为了克服这些问题，低浓度冷冻保护剂玻璃化被开发出来用于低温保存细胞，如应用石英毛细玻璃管来达到超快的降温速率以缩短冰晶成核和生长的时间[20,28-34]，从而降低胞内冰的形成量。尽管降温速率理论上可以高达 10^6 ℃/s 而实现玻璃化（根据前人研究定义，没有可见的冰晶形成即玻璃化）[35]，但受冷冻过程中装置直接插入液氮产生的膜态沸腾的影响，升温过程中装置在水溶液中的复温速率均远小于这个值[36]。在复温过程中，反玻璃化形成的胞内冰是影响细胞冷冻保存后存活率的一个重要因素[37-44]。

科学家新开发了一种利用水凝胶封装细胞，然后通过慢速冷冻方法来实现细胞保存的技术，这种技术增加了细胞冷冻复苏后的存活率。例如，有研究应用水凝胶小球来封装人的胚胎干细胞和鼠的成神经肿瘤细胞，然后进行慢速冷冻，这有效地提高了细胞冷冻后的存活率[45-47]。还有学者研究用水凝胶小球封装鼠的胚胎干细胞和人的脂肪干细胞，来实现在低浓度低温保护剂环境下进行玻璃化保存，在实验中利用石英毛细管作为玻璃化冷冻装置。他们在低温显微镜下进一步研究了水凝胶小球在降复温过程中的玻璃化现象，实验结果表明，胞内冰只在复温过程中产生，而且水凝胶小球能够有效地抑制其内部细胞形成胞内冰[48]。但水凝胶小球用于细胞低温保存时必须要放在专门的低温保存器具中，而且复苏后直接用于 3D 培养很难形成具有一定生物功能的小组织。

人体中很多组织都是由于其特殊结构而表现出特定的功能的。在生物体中，微纤维状结构组织是最常见的组织结构，并且在维持机体正常活动方面起着重要的作用。一个很典型的实例是条纹状肌纤维，其在心肌和骨骼中起着重要的作用。这种纤维结构的组织能有效地在生理活动中产生收缩力，如心脏的跳动和肌肉收缩[49-50]。另外一些实例有血管和神经通路（连续的纤维状大脑神经通路）。前人花了很多精力研究在平面 2D 生长条件下细胞的分化功能。然而，目前的 3D 培养由于缺乏自然组织所具有的特定结构，很难长时间地保持其特定的功能。因此，有必要开发一种技术产生生物体中具有纤维状结构的 3D 培养模型，细胞在特定结构的模型中培养后用于组织的组装与重塑。水凝胶具有吸水膨胀、高度生物相容性和化学性质稳定等特性，常被用来作为模仿细胞外基质材料，被广泛用于封装细胞，生成具有空间结构的细胞支架[51-53]。这些微纤维常通过比较先进的方法制成，如微流控纺丝、静电纺丝、湿法纺丝和表面络合作用纺丝等。多种细胞（内皮细胞、纤维原细胞、皮层细胞和心肌细胞）常用来生成模拟血管、神经网络和心肌纤维等三维组织结构[54-58]。在这些系统中，外围的刺激常用来增强组织工程的结构功能，如生物体内血管的生长需经历机械力（如剪切力和拉力）的作用，这些力的作用会影响血管的机械特性和渗透性。机械拉伸力能改善组织工程化血管（细胞转载在含有胶原的水凝胶中）的机械特性和组织结构。

生成装载细胞的微纤维结构的主要挑战在于，所使用的水凝胶里要含有自然的细胞外蛋白。微流控技术被认为是在短时间内生成水凝胶微纤维最有效的方法,但不能用微流控技术直接生成含有如胶原和纤维蛋白的水凝胶微纤维,原因是细胞外蛋白需要一个长时间(几分钟到数小时)的交联时间,即使交联后纤维机械强度也比较脆弱,而利用微流控形成微纤维要求交联时间短(小于 1 s)且机械结构稳定的水凝胶。为了应用微流控技术生成含有细胞外基质的水凝胶纤维,有学者应用管中管装置生成了一种内层由含有细胞外蛋白的低浓度水凝胶交联形成的微纤维组织[59],外层由一薄层高浓度纯水凝胶交联后形成的壳结构,这个壳机械结构稳定且交联速度快。利用本方法生成的微纤维状样品,首先进行玻璃化保存,由于样品为微纤维状,便于直接放入液氮中进行长期低温保存(细胞和封装细胞的微胶囊都需要特殊冷冻容器,这样才能进行玻璃化保存,操作耗费人力和物力);待需要使用时,取出复温,放入培养皿中进行灌注培养,最后生长成具有一定组织结构的微组织小块,如血管、神经网络和心肌纤维等[50,60-61]。

5.2 实验材料与方法

5.2.1 微纤维生成

生成微纤维需要用到的溶液:

内层溶液——2%(w/v)海藻酸钠(BBI Life Sciences)+0.25 mmol/L D-Mannital(Sigma);

中间层溶液——2%(w/v)海藻酸钠(BBI Life Sciences)+0.25 mmol/L D-Mannital(Sigma);

外层溶液——2%(w/v)氯化钙溶液(Sigma)。

所有溶液都用去离子水配置,同时用 HEPES(Sigma)把所有溶液调到 pH 为7.2。

如图 5-1 所示,本套管中管装置与图 4-1 所示装置类似,装置的制作过程与第 4 章管中管装置制作过程相同,本章不重复叙述。本套管中管装置分为两层和三层两个装置。其中,两层的管中管装置内层管口内径为 180 μm,外层玻璃管内径为 800 μm;三层的管中管装置最内层管口内径为 180 μm,中间层玻璃管管口内径为 400 μm,外层玻璃管内径为 800 μm。

如图 5-1 所示,外层溶液进口 I1 和注射泵 S1(南京安尔科电子科技有限公司生产,WK-101P 型)相连接,外层溶液为 2%(w/v)氯化钙溶液(Sigma)。中间层溶液进口 I2 与注射泵 S2 相连接,中间层溶液为 2%(w/v)海藻酸钠(BBI Life Sciences)+0.25 mmol/L D-Mannital(Sigma)。内层溶液进口 I3 和注射泵 S3

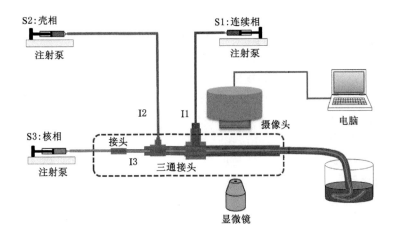

图 5-1 壳核结构的微纤维生成装置连接图

相连接,内层溶液为 2%(w/v)海藻酸钠(BBI Life Sciences)＋ 0.25 mmol/L D-Mannital(Sigma),一般用内层溶液去和细胞悬浮液混合。同时打开外、中和内层三个注射泵,按照一定流速流动,中层的海藻酸钠溶液遇到外层的氯化钙溶液发生交联反应,微纤维外层形成一层水凝胶壳。内层溶液为海藻酸钠溶液和细胞悬浮液的混合溶液,当海藻酸钠溶液和氯化钙溶液发生交联反应后形成内嵌有细胞的水凝胶。生成实心的具有壳核结构的微纤维随着外层氯化钙溶液流到外围收集容器中,外围收集容器中为与外层溶液成分相同的氯化钙溶液,让生成的微纤维进一步交联,待完全交联后,取出微纤维进行下一步操作。本套系统的图像采集模块由一台奥林巴斯 CKX-53 显微镜和一台佳能 EOS-D650D 单反相机组成,实验参数可以根据图像采集系统实时采集到的图像信息进行调整,例如,如果采集到生成胶囊的直径大于实验需要的微纤维的直径,可通过加快外层溶液流速来减小微纤维的直径。

5.2.2 内层和外层溶液流速变化对微纤维直径的影响

微纤维的尺寸在组织工程细胞支架的应用中非常重要。如图 5-2 所示,本研究通过改变内层溶液和外层溶液的流速来改变生成微纤维的直径。通过实验测试发现,当内层和中间层流速固定在 30 $\mu L/min$ 时,将外层连续相流速从 50 $\mu L/min$ 逐渐增大到 1 200 $\mu L/min$,微纤维的直径从 400 μm 减小到 150 μm。固定外层流速为 500 $\mu L/min$ 时,逐渐增大内层液体的流速,从 10 $\mu L/min$ 逐渐增加到 100 $\mu L/min$,微纤维的直径从 70 μm 增加到 300 μm。

本研究所用装置能快速生成微纤维,最外层为生物相容性较好的水相,因此,生成的微纤维不需要经过复杂的清洗,可以快速从溶液中取出。在系统中可

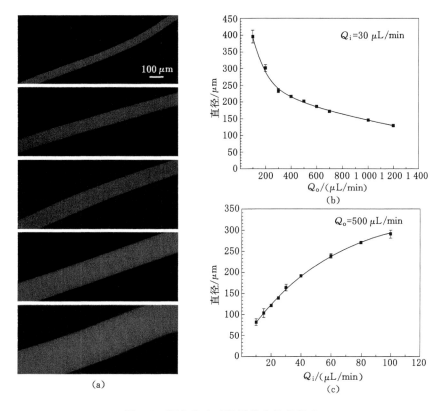

图 5-2 调整流速对微纤维直径的影响

以通过两个条件来调节微纤维的尺寸。当内层液体流速不变时,调节外层溶液流速,外层溶液流速越大,生成微纤维的直径越小;当外层液体流速不变时,调节内层溶液流速,内层溶液流速越大,生成微纤维的直径越大。

5.2.3 猪脂肪干细胞培养

通过胶原酶消化法从 28 d 龄的长白猪皮下脂肪组织中分离纯化出 pADSCs[62],将分离纯化后的 pADSCs 培养在改进型 DME/F-12 培养液中,该培养液主要包含 90% 的 DME/F-12 基础培养基(HyClone,SH30023.01)、10% 的胎牛血清(HyClone,SH30084.03)、50 μg/mL 的抗坏血酸 VC(Sigma,A4403-100MG)以及 10 ng/mL 的碱性成纤维细胞生长因子 bFGF(PeproTech,100-18b)、2 mmol/L 的 GlutaMAXTM-100x(Life Technologies,35050-061)。在 37 ℃、5% CO_2 培养箱中培养 2~3 d,当细胞生长到 90% 左右时,用 0.25% 的胰蛋白酶-EDTA(Gibco,T4049-500ML)消化 2 min,然后将消化下来的细胞 120g 离心 5 min,向沉淀下来的细胞中加入相应的试剂以用于实验。

5.2.4 封装猪脂肪干细胞实心微纤维的生成与收集

本实验使用三层的管中管装置生成微纤维,该装置分为内、中和外三层结构。装置如图 5-1 所示,此装置有 3 个入口(I1,I2,I3),其中进口 I1 通 2%(w/v)的海藻酸钠与细胞混合液,进口 I2 和 I3 通 2%(w/v)的 $CaCl_2$ 溶液。海藻酸钠和细胞混合液与外层的 $CaCl_2$ 溶液相遇时,海藻酸钠会和 $CaCl_2$ 溶液中的二价钙离子产生交联反应,形成纤维状水凝胶。微纤维生成后流入 2%(w/v) 的 $CaCl_2$ 溶液中,交联 10 min,待其沉到培养皿底部后用 0.9%(w/v)的 NaCl 溶液清洗纤维,最后将清洗后的纤维放到 4 ℃冰箱中待后续实验用。本实验内层和中间层溶液(I3 和 I2 进口)和外层溶液(I1 进口)的流速分别为 30 μL/min、30 μL/min 和 1 200 μL/min。

本实验采用三种不同浓度的低温保护剂组分如下:

CPA 1#——0.5 mol/L 1,2-丙二醇(PROH)+0.5 mol/L 乙二醇(EG)(1 mol/L 渗透性保护剂);

CPA 2#——1 mol/L 1,2-丙二醇(PROH)+0.5 mol/L 乙二醇(EG)(1.5 mol/L 渗透性保护剂);

CPA 3#——1 mol/L 1,2-丙二醇(PROH)+1 mol/L 乙二醇(EG)(2 mol/L 渗透性保护剂)。

5.2.5 添加保护剂及低温保存

取出 4 支 1.5 mL EP 管,将它们顺序编号为 1、2、3、4,并插在碎冰上,往 1 号 EP 管中加 1 mL 0.9%(w/v)NaCl 溶液,作为新鲜对照组,往 2、3、4 号 EP 管中分别加入 1 mL 低温保护剂 CPA 1#、CPA 2# 和 CPA 3#。从 4 ℃冰箱中取出先前制备好的微纤维,用无菌的镊子挑出微纤维,均匀地分成 4 等份并分别加入 1、2、3 和 4 号 EP 管中,然后把这 4 支 EP 管放入 4 ℃冰箱中静置。20 min 后取出 2、3 和 4 号 EP 管,同时取 3 块尼龙纱布,进行灭菌处理后,在超净台中摊展开,分别把 2、3 和 4 号 EP 管中的微纤维取出放到对应的纱布上,然后把尼龙纱布扎好,投入液氮中,保持 5 min,等待整个样品温度降到液氮温度(−196 ℃)。

5.2.6 复温和去除低温保护剂

一步复温和去除低温保护剂。取四支 50 mL 离心管,编号为 1、2、3 和 4,每支中加入 30 mL 无菌的 0.2 mol/L 海藻糖(1×PBS)溶液,放到 37 ℃水浴中先预热到 37 ℃。再取四支 1.5 mL EP 管,编号为 1、2、3 和 4,每支管中加入 1 mL 新鲜培养基,取出先前放在 4 ℃冰箱中的新鲜对照组,将微纤维放在 1 号离心管中,快速摇晃复温,复温后取出微纤维放入 1 号 EP 管中,10 min 后吸走培养基,再加入新鲜培养基。分步取出 2、3 和 4 号尼龙纱布,首先取出 2 号尼龙纱布将其快速塞到 2 号离心管中并且快速摇晃复温,待全部溶解完毕后,取出尼龙纱布上的微纤维放入 2 号 EP 管中,10 min 后吸走培养基,再加入新鲜培养基。3 号和 4 号的操作完全重复 2 号的操作。第二次再静置 10 min 后,吸走培养基,用 0.9%(w/v)NaCl 溶液冲洗 3 次,最后让微纤维悬浮在 0.9%(w/v)NaCl 溶液中。

5.3 结果与讨论

5.3.1 细胞存活率检测

本实验采用业内常用的检测细胞死/活的染料(吖啶橙/溴化乙啶)对实验样本进行检测,图 5-3(a)前两幅图表示没有进行低温保存(在 CPA 1# 浓度下封装)细胞的明场和荧光图片,后两幅图表示用 CPA 1# 处理但未封装低温保存后的明场和荧光图片。图 5-3(b)前两幅图为用 CPA 1# 处理后,封装成微纤维低温保存前的微纤维明场和荧光图片,后两幅图为低温保存后微纤维明场和荧光图片。图 5-3(c)为对应图 5-3(b)中的微纤维溶解后释放细胞的明场和荧光图片。本组实验微纤维的直径为 120 μm,图 5-4 为细胞活性统计数据,新鲜未封装细胞存活率为 98.2%±0.4%,微纤维封装细胞后,再溶解释放细胞,检测出细胞的存活率为 95.1%±1.46%。用 CPA 1# 处理后,未封装直接拿去冷冻保存,复温后检测出细胞的存活率为 26.3%±0.6%,封装成微纤维冷冻保存后溶解微纤维释放细胞,复温后检测出细胞的存活率为 71.8%±2.3%。因此,用直径为 120 μm 的微纤维,在同样的低温保护剂浓度条件下,封装能使低温冷冻后细胞的存活率从 26.3%±0.6% 提升到 71.8%±2.3%。同时,用低温保护剂 CPA 2# 和 CPA 3# 处理细胞,重复上述实验,发现封装分别使低温保存后细胞的存活率从 25.9%±4% 提升到 74.9%±2.7% 和从 30.9%±2.4% 提升到 81.5%±2.9%。因此,封装能够大大提高细胞冷冻后的存活率,这很大可能是因为冰晶只是在胶囊外边生成[21,63-66]。其原理与细胞膜在冷冻过程中阻止冰晶传到细胞内部,从而促进细胞内部溶液玻璃化类似[21]。美国食品和药物管理局(FDA)[42]要求用于细胞治疗的产品存活率必须高于 70%,CPA 1#、CPA 2# 和 CPA 3# 在微纤维直径为 120 μm 时均能满足要求。图 5-3(d)至图 5-3(f)为微纤维直径为 250 μm 的条件下,封装和未封装低温保存后细胞的明场和荧光图片。

图 5-5(a)显示了在同种低温保护剂浓度条件下,不同直径微纤维冷冻复温后细胞的存活率。当低温保护剂浓度为 1 mol/L 时,在微纤维直径为 120 μm 的情况下,细胞的存活率为 71.9%±2.39%,直径为 500 μm 时存活率为

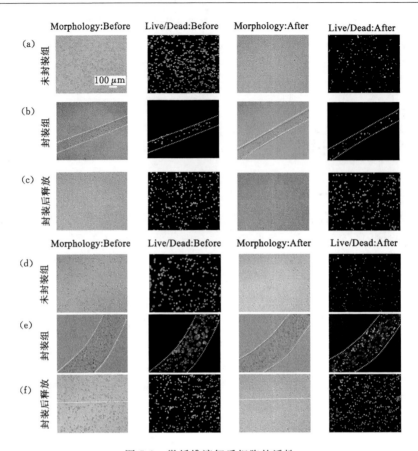

图 5-3 微纤维溶解后细胞的活性

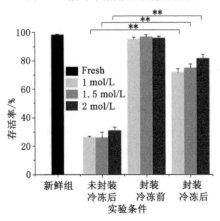

图 5-4 细胞破囊后存活率统计

64.6%±1.9%；当低温保护剂浓度为 1.5 mol/L 时，在微纤维直径为 120 μm 的情况下，细胞的存活率为 74.9%±2.7%，直径为 500 μm 时存活率为 67.9%±0.7%；当低温保护剂浓度为 2 mol/L 时，在微纤维直径为 120 μm 的情况下，细胞的存活率为 81.5%±2.9%，直径为 500 μm 时存活率为 72.8%±2.1%。从上述实验数据可以看出，在低温保护剂浓度相同的情况下，微纤维的直径越小，细胞的存活率越高。其原因在于，微纤维直径越小，则微纤维在液氮中降温和水浴中复温时其降复温速率越高，冷冻和复温过程中产生的冰晶越少，对细胞的损伤越小。微纤维直径越小，细胞封装效率越低，且易碎，不便操作，而当微纤维直径大于 100 μm 时比较方便操作，因此，一般选择直径在 100 μm 以上的微纤维进行封装。

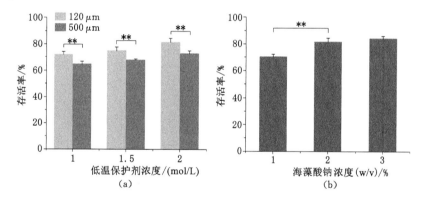

图 5-5 不同低温保护剂浓度和不同海藻酸钠浓度下的细胞存活率

图 5-5(b)显示了在同种低温保护剂浓度条件下，不同浓度海藻酸钠冷冻复温后细胞的存活率。其中，海藻酸钠浓度为 1%(w/v)时细胞的存活率为 70.4%±1.9%，为 2%(w/v)和 3%(w/v)时细胞的存活率分别为 81.5%±2.9%和 84.1%±1.7%，满足美国食品和药物管理局（FDA）要求的细胞存活率大于 70%。考虑海藻酸钠浓度越大，溶液黏度越大，溶液处理起来越困难，因此，一般选择微纤维直径为 120 μm，渗透性低温保护剂浓度为 1 mol/L，海藻酸钠浓度为 2%(w/v)的条件进行操作。

5.3.2 猪脂肪干细胞的封装与 3D 培养

本实验中溶液的参数与上述细胞封装的溶液参数相同，生成微纤维后，随着外层的溶液流入外围溶液收集器中进行进一步交联，在该溶液中海藻酸钠与 Ca^{2+} 交联形成网状结构的水凝胶胶囊，然后把交联好的微纤维随着溶液移到无菌纱布上，玻璃化保存复温后，用 PBS 清洗 3 次。把微纤维放入装有 DME/F-

12培养液的培养皿中,该培养液主要包含90%的DME/F-12基础培养基(Hy-Clone,SH30023.01)、10%的胎牛血清(HyClone,SH30084.03)、50 μg/mL的抗坏血酸VC(Sigma,A4403-100MG)、10 ng/mL的碱性成纤维细胞生长因子bFGF(PeproTech,100-18b)以及2 mmol/L的GlutaMAXTM-100x(Life Technologies,35050-061)。细胞内嵌在水凝胶中,细胞生长所需要的营养物质以及细胞生长过程中的代谢物都可以自由地通过空间网状结构的水凝胶,但是细胞不能通过水凝胶的孔,这样对于细胞而言,每个水凝胶内部就相当于一个独立的3D生长环境,由此可以有效地避免大量细胞在一起生长而造成的排斥反应。此后,在第1天、第3天、第5天、第7天分别取出部分水凝胶,用AO/EB荧光染液检测细胞的存活率,检测结果如图5-6所示,细胞的生长状况良好,细胞在第7天已经生长成团并且没有出现明显的细胞死亡。

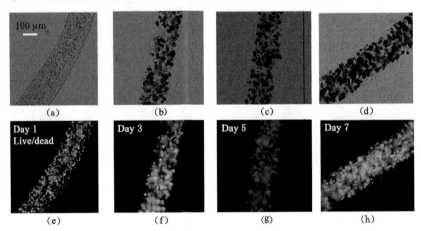

(a)(b)(c)(d) 封装细胞3D培养1 d、3 d、5 d和7 d的明场图;
(e)(f)(g)(h) 图(a)、(b)、(c)、(d)对应的荧光图。

图5-6 细胞封装后3D培养图片

5.3.3 讨论

本研究用微纤维状水凝胶封装pADSCs悬浮液,且用纱布包裹后直接投入液氮中,实现超低浓度低温保护剂条件下的玻璃化保存。尤其在1 mol/L渗透性(0.5 mol/L丙二醇和0.5 mol/L乙二醇)低温保护剂条件下玻璃化保存后细胞的存活率超过70%,达到美国食品和药物管理局(FDA)[42]规定的用于细胞治疗的产品存活率必须高于70%的要求。本研究用到的低温保护剂浓度是以往文献[48]中用到的低温保护剂浓度的1/4,由于微纤维呈连续的圆棒状,微纤维封装细胞效率要远远高于微胶囊的封装效率,而且微纤维和微胶囊相比便于盛放,只需放到尼龙纱布上,再直接放到液氮或者液氮蒸气中低温保存即可。大体积生物样品快速便捷的低温保存一定是未来低温保存的发展趋势。本方法主要优点在于:① 外层连续相使用 $CaCl_2$ 溶液代替以往的油相,避免了从油相中把微纤维分离出来的操作;② 本研究用微纤维封装细胞,封装效率远远大于微胶囊封装细胞;③ 微纤维和微胶囊相比易于盛放,不需要特殊的冷冻容器盛放,可以直接投入液氮或者液氮蒸气中玻璃化保存,且直接投放在液氮或者液氮蒸气中,降温速率要远大于用容器盛放的样品的降温速率。本研究主要用到渗透性低温保护剂,CPA 2# 比 CPA 1# 多了 0.5 mol/L 渗透性保护剂 1,2-丙二醇(PROH),CPA 3# 比 CPA 1# 多了 0.5 mol/L 渗透性保护剂 1,2-丙二醇(PROH)和 0.5 mol/L 渗透性保护剂乙二醇(EG)。

参考文献

[1] CHAU M,ABOLHASANI M,THÉRIEN-AUBIN H,et al. Microfluidic generation of composite biopolymer microgels with tunable compositions and mechanical properties[J]. Biomacromolecules,2014,15(7):2419-2425.

[2] WILSON J L,MCDEVITT T C. Stem cell microencapsulation for phenotypic control,bioprocessing,and transplantation[J]. Biotechnology and bioengineering,2013,110(3):667-682.

[3] MA M L,CHIU A,SAHAY G,et al. Core-shell hydrogel microcapsules for improved islets encapsulation[J]. Advanced healthcare materials,2013,2(5):667-672.

[4] ZHANG W J,ZHAO S T,RAO W,et al. A novel core-shell microcapsule for encapsulation and 3D culture of embryonic stem cells[J]. Journal of materials chemistry B,2013,1(7):1002-1009.

[5] VELASCO D,TUMARKIN E,KUMACHEVA E. Microfluidic encapsulation of cells in polymer microgels[J]. Small,2012,8(11):1633-1642.

[6] MORAES C,SIMON A B,PUTNAM A J,et al. Aqueous two-phase printing of cell-containing contractile collagen microgels[J]. Biomaterials,2013,34(37):9623-9631.

[7] ORIVE G,HERNÁNDEZ R M,RODRIGUEZ G A,et al. History,challenges and perspectives of cell microencapsulation[J]. Trends in biotechnology,2004,22(2):87-92.

[8] MURUA A, PORTERO A, ORIVE G, et al. Cell microencapsulation technology: towards clinical application[J]. Journal of controlled release, 2008,132(2):76-83.

[9] ORIVE G, HERNÁNDEZ R M, GASCÓN A R, et al. Survival of different cell lines in alginate-agarose microcapsules[J]. European journal of pharmaceutical sciences: official journal of the european federation for pharmaceutical sciences, 2003,18(1):23-30.

[10] LEE K Y, MOONEY D J. Cell-interactive polymers for tissue engineering [J]. Fibers and polymers, 2001,2(2):51-57.

[11] ZANDONELLA C. Tissue engineering: the beat goes on[J]. Nature, 2003,421:884-886.

[12] ROSENAUER M, BUCHEGGER W, FINOULST I, et al. Miniaturized flow cytometer with 3D hydrodynamic particle focusing and integrated optical elements applying silicon photodiodes[J]. Microfluidics and nanofluidics, 2011,10(4):761-771.

[13] YU L F, NI C, GRIST S M, et al. Alginate core-shell beads for simplified three-dimensional tumor spheroid culture and drug screening[J]. Biomedical microdevices, 2015,17(2):33.

[14] SIDHU K, KIM J, CHAYOSUMRIT M, et al. Alginate microcapsule as a 3D platform for propagation and differentiation of human embryonic stem cells(hESC) to different lineages[J]. Journal of visualized experiments, 2012,61:3608.

[15] SERRA M, CORREIA C, MALPIQUE R, et al. Microencapsulation technology: a powerful tool for integrating expansion and cryopreservation of human embryonic stem cells[J]. Plos one, 2011,6(8):e23212.

[16] KULESHOVA L L, SHAW J M, TROUNSON A O. Studies on replacing most of the penetrating cryoprotectant by polymers for embryo cryopreservation[J]. Cryobiology, 2001,43(1):21-31.

[17] SONG Y C, KHIRABADI B S, LIGHTFOOT F, et al. Vitreous cryopreservation maintains the function of vascular grafts[J]. Nature biotechnology, 2000, 18(3):296-299.

[18] LANE M, SCHOOLCRAFT W B, GARDNER D K, et al. Vitrification of mouse and human blastocysts using a novel cryoloop container-less technique[J]. Fertility and sterility, 1999,72(6):1073-1078.

[19] TONER M. Nucleation of ice crystals inside biological cells[M]. [S. l.]: JAI Press,1993.

[20] FOWLER A,TONER M. Cryo-injury and biopreservation[J]. Annals of the New York Academy of Sciences,2006,1066(1):119-135.

[21] KARLSSON J O M,CRAVALHO E G,TONER M. A model of diffusion-limited ice growth inside biological cells during freezing[J]. Journal of applied physics,1994,75(9):4442-4455.

[22] YANG G E,ZHANG A L,XU L X,et al. Modeling the cell-type dependence of diffusion-limited intracellular ice nucleation and growth during both vitrification and slow freezing[J]. Journal of applied physics, 2009, 105(11):114701-114711.

[23] ZHAO G,TAKAMATSU H,HE X M. The effect of solution nonideality on modeling transmembrane water transport and diffusion-limited intracellular ice formation during cryopreservation[J]. Journal of applied physics,2014,115(14):144701-114713.

[24] FAHY G M,WOWK B,WU J,et al. Improved vitrification solutions based on the predictability of vitrification solution toxicity[J]. Cryobiology, 2004,48(1):22-35.

[25] RALL W F,FAHY G M. Ice-free cryopreservation of mouse embryos at −196 ℃ by vitrification[J]. Nature,1985,313:573-575.

[26] KARLSSON J O, TONER M. Long-term storage of tissues by cryopreservation:critical issues[J]. Biomaterials,1996,17(3):243-256.

[27] HENG B C,KULESHOVA L L,BESTED S M,et al. The cryopreservation of human embryonic stem cells[J]. Applied biochemistry and biotechnology, 2005,41(2): 97-104.

[28] HE X M,PARK E Y H,FOWLER A,et al. Vitrification by ultra-fast cooling at a low concentration of cryoprotectants in a quartz micro-capillary: a study using murine embryonic stem cells[J]. Cryobiology,2008,56(3): 223-232.

[29] ATWOOD C. Methodological advances in the culture, manipulation and utilization of embryonic stem cells for basic and practical applications [M]. [S. l.]:[s. n.],2011.

[30] YAVIN S, ARAV A. Measurement of essential physical properties of vitrification solutions[J]. Theriogenology,2007,67(1):81-89.

[31] GARDNER D K, SHEEHAN C B, RIENZI L, et al. Analysis of oocyte physiology to improve cryopreservation procedures[J]. Theriogenology, 2007,67(1):64-72.

[32] VAJTA G, NAGY Z P. Are programmable freezers still needed in the embryo laboratory? Review on vitrification[J]. Reproductive biomedicine online,2006,12(6):779-796.

[33] ZHANG W J, YANG G E, ZHANG A L, et al. Preferential vitrification of water in small alginate microcapsules significantly augments cell cryopreservation by vitrification[J]. Biomedical microdevices,2010,12(1):89-96.

[34] LEE H J, ELMOAZZEN H, WRIGHT D, et al. Ultra-rapid vitrification of mouse oocytes in low cryoprotectant concentrations[J]. Reproductive biomedicine online,2010,20(2):201-208.

[35] WOWK B, LEITL E, RASCH C M, et al. Vitrification enhancement by synthetic ice blocking agents[J]. Cryobiology,2000,40(3):228-236.

[36] RISCO R, ELMOAZZEN H, DOUGHTY M, et al. Thermal performance of quartz capillaries for vitrification[J]. Cryobiology, 2007, 55(3): 222-229.

[37] ERIKSSON B M, RODRIGUEZ-MARTINEZ H. Effect of freezing and thawing rates on the post-thaw viability of boar spermatozoa frozen in flatpacks and maxi-straws[J]. Animal reproduction science, 2000, 63(3-4):205-220.

[38] KNIGHT C A, WEN D Y, LAURSEN R A. Nonequilibrium antifreeze peptides and the recrystallization of ice[J]. Cryobiology, 1995, 32(1): 23-34.

[39] DUMONT F, MARECHAL P A, GERVAIS P. Involvement of two specific causes of cell mortality in freeze-thaw cycles with freezing to −196 ℃[J]. Applied and environmental microbiology, 2006, 72(2): 1330-1335.

[40] CHAYTOR J L, TOKAREW J M, WU L K, et al. Inhibiting ice recrystallization and optimization of cell viability after cryopreservation[J]. Glycobiology, 2012,22(1):123-133.

[41] DELLER R C, VATISH M, MITCHELL D A, et al. Synthetic polymers enable non-vitreous cellular cryopreservation by reducing ice crystal growth during thawing[J]. Nature communications,2014,5:3244.

[42] SEKI S, JIN B, MAZUR P. Extreme rapid warming yields high functional survivals of vitrified 8-cell mouse embryos even when suspended in a half-strength vitrification solution and cooled at moderate rates to −196 ℃[J]. Cryobiology, 2014, 68(1): 71-78.

[43] JIN B, KLEINHANS F W, MAZUR P. Survivals of mouse oocytes approach 100% after vitrification in 3-fold diluted media and ultra-rapid warming by an IR laser pulse[J]. Cryobiology, 2014, 68(3): 419-430.

[44] JIN B, MAZUR P. High survival of mouse oocytes/embryos after vitrification without permeating cryoprotectants followed by ultra-rapid warming with an IR laser pulse[J]. Scientific reports, 2015, 5: 9271.

[45] HENG B C, YU Y J H, NG S C. Slow-cooling protocols for microcapsule cryopreservation[J]. Journal of microencapsulation, 2004, 21(4): 455-467.

[46] STENSVAAG V, FURMANEK T, LØNNING K, et al. Cryopreservation of alginate-encapsulated recombinant cells for antiangiogenic therapy[J]. Cell transplantation, 2004, 13(1): 35-44.

[47] WU Y N, YU H, CHANG S, et al. Vitreous cryopreservation of cell-biomaterial constructs involving encapsulated hepatocytes[J]. Tissue engineering, 2007, 13(3): 649-658.

[48] HUANG H S, CHOI J K, RAO W, et al. Alginate hydrogel microencapsulation inhibits devitrification and enables large-volume low-CPA cell vitrification [J]. Advanced functional materials, 2015, 25(44): 6839-6850.

[49] VAKOC B J, LANNING R M, TYRRELL J A, et al. Three-dimensional microscopy of the tumor microenvironment in vivo using optical frequency domain imaging[J]. Nature medicine, 2009, 15(10): 1219-1223.

[50] WEDEEN V J, ROSENE D L, WANG R P, et al. The geometric structure of the brain fiber pathways[J]. Science, 2012, 335: 1628-1634.

[51] THIELE J, MA Y J, BRUEKERS S M C, et al. 25th anniversary article: designer hydrogels for cell cultures: a materials selection guide[J]. Advanced materials, 2014, 26(1): 125-148.

[52] MANDAL B B, PRIYA A S, KUNDU S C. Novel silk sericin/gelatin 3-D scaffolds and 2-D films: Fabrication and characterization for potential tissue engineering applications[J]. Acta biomaterialia, 2009, 5(8): 3007-3020.

[53] JANA S, TRANQUILLO R T, LERMAN A. Cells for tissue engineering

of cardiac valves[J]. Journal of tissue engineering and regenerative medicine,2016,10(10):804-824.

[54] SHIN S J,PARK J Y,LEE J Y,et al. "on the fly" continuous generation of alginate fibers using a microfluidic device[J]. Langmuir: the ACS journal of surfaces and colloids,2007,23(17):9104-9108.

[55] LEE K H, SHIN S J, PARK Y, et al. Synthesis of cell-laden alginate hollow fibers using microfluidic chips and microvascularized tissue-engineering applications[J]. Small,2009,5(11):1264-1268.

[56] SUGIURA S,ODA T,AOYAGI Y,et al. Tubular gel fabrication and cell encapsulation in laminar flow stream formed by microfabricated nozzle array[J]. Lab on a chip,2008,8(8):1255.

[57] KANG E,JEONG G S,CHOI Y Y,et al. Digitally tunable physicochemical coding of material composition and topography in continuous microfibres [J]. Nature materials,2011,10(11):877-883.

[58] YAMADA M,SUGAYA S,NAGANUMA Y,et al. Microfluidic synthesis of chemically and physically anisotropic hydrogel microfibers for guided cell growth and networking[J]. Soft matter,2012,8(11):3122-3130.

[59] KIRIYA D,IKEDA M,ONOE H,et al. Meter-long and robust supramolecular strands encapsulated in hydrogel jackets[J]. Angewandte chemie,2012, 51(7):1553-1557.

[60] ONOE H,OKITSU T,ITOUA,et al. Metre-long cell-laden microfibres exhibit tissue morphologies and functions[J]. Nature materials, 2013, 12(6): 584-590.

[61] BADURA A,SCHONEWILLE M,VOGES K,et al. Climbing fiber input shapes reciprocity of Purkinje cell firing[J]. Neuron, 2013, 78 (4): 700-713.

[62] ZHANG Y, WEI C, ZHANG P F, et al. Efficient reprogramming of naive-like induced pluripotent stem cells from porcine adipose-derived stem cells with a feeder-independent and serum-free system[J]. Plos one, 2014,9(1):e85089.

[63] ZHAO G,FU J P. Microfluidics for cryopreservation[J]. Biotechnology advances,2017,35(2):323-336.

[64] KARLSSON J O,CRAVALHO E G,BOREL RINKES I H,et al. Nucleation and growth of ice crystals inside cultured hepatocytes during freezing in

the presence of dimethyl sulfoxide[J]. Biophysical journal,1993,65(6): 2524-2536.

[65] MAZUR P,RALL W F,LEIBO S P. Kinetics of water loss and the likelihood of intracellular freezing in mouse ova[J]. Cell biophysics,1984, 6(3):197-213.

[66] MAZUR P,LEIBO S P,CHU E H. A two-factor hypothesis of freezing injury:Evidence from Chinese hamster tissue-culture cells[J]. Experimental cell research,1972,71(2):345-355.